Top Seller

Dr. Hans-Georg Häusel

Top Seller

Was Spitzenverkäufer von der Hirnforschung lernen können

2. Auflage

Haufe Group
Freiburg · München · Stuttgart

Bibliografische Information der Deutschen Nationalbibliothek

Die Deutsche Nationalbibliothek verzeichnet diese Publikation in der Deutschen Nationalbibliografie; detaillierte bibliografische Daten sind im Internet über http://dnb.dnb.de abrufbar.

Print: ISBN 978-3-648-12386-7 Bestell-Nr. 01367-0002
ePub: ISBN 978-3-648-12387-4 Bestell-Nr. 01367-0101
ePDF: ISBN 978-3-648-12388-1 Bestell-Nr. 01367-0151

Dr. Hans-Georg Häusel
Top Seller
2. Auflage, 2019

www.haufe.de
info@haufe.de

Bildnachweis (Cover): shutterstock.com

Produktmanagement: Judith Banse
Lektorat: Peter Böke, Berlin

Inhaltsverzeichnis

Vorwort

Liebe Leserin, lieber Leser,

Sie sind in einem Unternehmen im Vertrieb als Berater, Verkäufer oder Außendienstmitarbeiter beschäftigt. Und Sie wollen den Erfolg: Nämlich besser und mehr verkaufen. Aus diesem Grund haben Sie schon so einige Verkaufsbücher gelesen und das eine oder andere Verkaufstraining besucht. Das ist auch gut so. Denn die Praxis ist und bleibt ein guter Lehrmeister. In der Vorbereitung zu diesem Buch habe auch ich einen ganzen Stapel dieser Verkaufsratgeber durchgearbeitet. Und in der Tat: Man findet darin viele gute und wertvolle Tipps.

Wenn man ein Buch schreibt, fragt man zuerst sich, dann fragt einen der Verlag und schließlich – wenn das Buch erschienen ist – fragen die Leser: Warum braucht es dieses Buch? Die Antwort ist einfach: Von Praktikern lernt man viel Know-how. Vorgehensweisen, die es wahrscheinlicher machen, dass man einen Besuchstermin beim Kunden bekommt, oder Formulierungen, die einen dem Verkaufsabschluss näherbringen.

Was man allerdings meist nicht lernt, ist das »Warum«: Was läuft konkret im Kopf, genauer im Gehirn des Kunden ab und welche Auswirkungen haben diese Prozesse? Genau das soll dieses Buch leisten: Ihnen als Verkaufspraktiker – basierend auf Erkenntnissen aus der Hirnforschung – Ansatzpunkte liefern, wie Sie im Verkauf noch erfolgreicher werden können.

> Um eine leseunfreundliche Syntax zu vermeiden, wurde in diesem Buch in der Regel die maskuline Form gewählt. Dies ist als eine rein sprachliche Festlegung ohne sozialen Bezug zu verstehen. Insofern ist selbstverständlich und ausdrücklich auch bei Formulierungen wie »Kunde«, »Verkäufer«, »Kollege« etc. die weibliche Form einbezogen.

Manchmal lernt man von Praktikern auch blanken Unsinn, zum Beispiel in Form von Formulierungen, die im Hirn des Kunden genau das Gegenteil von dem bewirken, was versprochen wird. Mich hüten und Sie behüten möchte ich auch vor überzogenen Versprechen. In der Ratgeberliteratur wird häufig behauptet: »Mit dieser Methode oder dieser Zauberformulierung ist Ihr Verkaufserfolg sicher!« Mit solchen Versprechen wird suggeriert, es gäbe im Kundengehirn **einen** versteckten Kaufknopf und mit der XY-Methode ließe sich dieser ganz einfach drücken.

Vergessen Sie das. Das ist ungefähr so, als wenn ein Motorenöl-Hersteller zu einem Formel-1-Rennstall geht und ihm verspricht, durch den Einsatz seines Getriebeöls sei die Weltmeisterschaft so gut wie gewonnen. Wir alle wissen, dass man, um Formel-1-Weltmeister zu werden, in Tausenden von Dingen perfekt und besser sein muss als der Wettbewerb. Natürlich spielt das Getriebeöl eine Rolle. Aber eben nur eine von vielen. So ist es beim erfolgreichen Verkaufen auch: Es sind die 1.000 Tricks, die Profis kennen und sich so von Dilettanten unterscheiden.

Aus diesem Grund finden Sie in diesem Buch auch keine Zauberformel. Wir gehen durch den gesamten Verkaufsprozess und schauen uns an, wo die vielen kleinen Kaufknöpfe im Kundengehirn sitzen, die darauf warten, von Ihnen trickreich gedrückt zu werden.

Wie ist die Idee zu diesem Buch entstanden? Vor ca. 20 Jahren habe ich auf Basis der Hirnforschung den Limbic-Ansatz entwickelt. Er gilt heute als der weltweit beste und wissenschaftlich fundierteste Ansatz, Kauf- und Entscheidungsverhalten zu erklären. Ich habe dann einige Fachratgeber zum Thema Marketing und Hirnforschung (Neuromarketing) geschrieben.

So kam es, dass Banken, Finanzdienstleister, Handelsunternehmen, Automobilhersteller und Vertriebsorganisationen mit der Frage an mich herantraten, ob man die Erkenntnisse der Hirnforschung nicht auch für die Ausbildung ihrer Vertriebsmannschaft nutzen könne. Man kann! Inzwischen habe ich gemeinsam mit den Trainingsabteilungen und Trainern meiner Kunden mit großem Erfolg viele Verkaufstrainings entwickelt, überarbeitet oder optimiert. Im Rahmen dieser Projekte habe ich auch viele Trainer und Verkäufer ausgebildet. Mit diesem Buch bekommen Sie die Quintessenz dieses Wissens praxisnah und praxiserprobt an die Hand.

Seit dem ersten Erscheinen dieses Buches im Jahr 2015 hat sich die Verkaufswelt durch die zunehmende Digitalisierung dramatisch verändert. Der stationäre Handel hat erheblich an Bedeutung verloren, der Online-Handel dagegen gewonnen. Die Konsequenz: Weniger Verkaufs- und Beratungsgespräche. Das Gleiche auch im B2B-Bereich: Teile des Verkaufs- und Beratungsgespräches und damit persönliche Kontakte wandern in die digitale Welt ab. Ist also morgen und übermorgen alles digital? Ist der Mensch, der Berater und Verkäufer obsolet? Mitnichten. Im Internet bekommt ein Kunde unendlich viel Information. Damit wird die Komplexität für den Kunden aber nicht verringert, sondern oft nur erhöht. Und genau hier liegt die Bedeutung und Aufgabe des persönlichen Verkaufs und der Beratung:

1. die individuellen Bedürfnisse und Wünsche des Kunden zu erkennen,
2. aus der Vielzahl der Möglichkeiten und Angeboten das Richtige für den Kunden zu finden, ihm ein maßgeschneidertes Angebot zu unterbreiten und ihm die Entscheidung so leicht und einfach wie möglich zu machen,
3. ihn für das Produkt oder Dienstleistung zu begeistern und

4. dem Kunden das Gefühl zu geben, dass man ihn mag und dass er für einen persönlich oder das Unternehmen wichtig ist.

All das kann das Internet nicht oder nur eingeschränkt. Deswegen behalten die persönliche Beratung und der persönliche Verkauf auch im digitalen Zeitalter ihre Wichtigkeit. Darum geht es also in diesem Buch: Wie kann man die persönliche Beratung und den Verkauf noch besser machen.

So ist das Buch aufgebaut

- In Kapitel 1 schauen wir uns zunächst an, wie unsere Kunden und ihr Gehirn wirklich funktionieren.
- In Kapitel 2 werfen wir einen Blick auf unsere eigene Persönlichkeit mit ihren Stärken und Schwächen und lernen Wege kennen, wie wir unsere Stärken ausbauen und unsere Schwächen minimieren können.
- In Kapitel 3 nutzen wir dieses Wissen, um uns mit der Persönlichkeit unserer Kunden zu beschäftigen und so Wege zu finden, direkt »in ihr Herz« zu verkaufen.
- In Kapitel 4 lernen wir ein modernes Verkaufsinstrument für Vertrieb und Marketing kennen: Buyer Personas.
- Nachdem wir die Grundlagen gelegt haben, geht es anschließend um den aktiven Verkauf. Der beginnt im B2B-Bereich (aber oft auch im B2C-Geschäft) mit einer telefonischen Terminvereinbarung. Wie man schneller und besser einen Termin bekommt, lernen wir in Kapitel 5.
- In Kapitel 6 bereiten wir den Empfang des Kunden vor. Wir erfahren, wie das Kundengehirn durch das Umfeld und den Rahmen beeinflusst wird, in dem das Verkaufsgespräch stattfindet.
- In Kapitel 7 treffen wir uns dann persönlich mit unseren Kunden. Bevor wir mit unserer Verkaufsargumentation beginnen, haben wir durch nonverbale Signale schon viel gesagt. Was nonverbale Kommunikation im Kundengehirn bewirkt, erfahren wir in diesem Kapitel.
- Vertrauen ist eines der wichtigsten Schmiermittel im Verkauf. In Kapitel 8 sehen wir, was Vertrauen überhaupt ist und wie man als Verkäufer im Kundengehirn schnell eine Vertrauensstellung aufbaut.
- Vor jedem Verkauf muss man wissen, was der Kunde (wirklich) will. In Kapitel 9 lernen wir die wahren Bedürfnisse unserer Kunden kennen, ebenso wie trickreiche Fragen, um diese Bedürfnisse herauszubekommen.
- Im nächsten Schritt geht es jetzt darum, unser Produkt so attraktiv wie möglich darzustellen. Wie man sein Angebot groß im Kundengehirn rausbringt, darum geht es in Kapitel 10.
- In Kapitel 11 schließlich steht der Preis im Mittelpunkt: Was können Sie tun, um Ihren anvisierten Verkaufspreis durchzusetzen?

- In Kapitel 12 befinden wir uns in der Abschlussphase des Verkaufs und lernen einige Tricks, wie man hier zum Erfolg kommt.
- In Kapitel 13 schließlich zünden wir den Weiterempfehlungsturbo Ihres Kunden.
- Das abschließende Kapitel 14 gibt einen Ausblick in die Zukunft des Verkaufens im digitalen Zeitalter und zeigt, warum wir weiterhin kompetente und empathische Verkäufer brauchen.

Gewidmet ist dieses Buch meiner lieben Freundin und früheren Geschäftspartnerin Ursula König. Ich verdanke ihr viel.

München, im Januar 2019
Dr. Hans-Georg Häusel

Limbic® ist ein markenrechtlich und patentrechtlich geschütztes Verfahren der Gruppe Nymphenburg Consult AG. Jede Verwendung bedarf der Zustimmung der Rechteinhaberin.

1 Umdenken: Wie das Gehirn Ihres Kunden wirklich funktioniert

Was Sie in diesem Kapitel erwartet

Wir Menschen glauben, wir würden unsere Entscheidungen stets bewusst, rational und vernünftig treffen. Die moderne Hirnforschung zeigt: Dies ist ein gewaltiger Trugschluss. Kundenentscheidungen fallen – auch im B2B-Bereich – weitgehend unbewusst und sind immer emotional. Wie das Kundengehirn funktioniert und welche Konsequenzen seine Funktionsweise für erfolgreiches Verkaufen hat, erfahren Sie in diesem Kapitel.

Wenn ich Sie frage, wie viel Prozent Ihrer heutigen Entscheidungen Sie bewusst und rational getroffen haben, dann würden Sie wahrscheinlich antworten, dass Ihnen die gesamte Entscheidungsfindung bewusst war und Sie immer rational und vernünftig entschieden haben. Dieses Bild vom bewussten und vernünftigen Menschen prägt unsere Selbsteinschätzung. Und damit natürlich auch unsere Einschätzung des Kunden. Wir gehen davon aus, dass Kunden völlig rational und bewusst entscheiden. Leider hat dieses Bild einen Nachteil: Es ist falsch!

Um erfolgreicher verkaufen zu können, ist es aber wichtig zu verstehen, wie das Entscheidungszentrum zwischen den Ohren Ihres Kunden, das Gehirn, wirklich funktioniert. Darum geht es in diesem Kapitel.

1.1 Emotionen sind die wahren Herrscher im Kundengehirn

Viele Verkäufer, vor allem diejenigen, die im B2B-Bereich unterwegs sind und möglicherweise Maschinen oder Softwarelösungen verkaufen, werden diese Aussage vehement verneinen. Handelt es sich bei Maschinen und Software doch um höchst rationale Produkte.

Was sind Emotionen?

Bevor wir uns damit befassen, welche Emotionssysteme im Kundengehirn anzutreffen sind, müssen wir zunächst einmal klären, was Emotionen überhaupt sind. Die meisten Menschen antworten auf diese Frage mit dem Satz »Emotionen sind Gefühle«. Diese Antwort ist nicht falsch, aber zumindest sehr ungenau. Das ist ungefähr so, als würden Sie zu einem Motor »Auto« sagen. Der Motor ist zwar ein wichtiger Bestandteil des Autos, aber ein Auto ist doch viel mehr als nur sein Motor. Und ebenso verhält es sich mit Emotionen. Emotionen sind viel mehr als nur Gefühle. Schauen wir uns einmal kurz an, was Emotionen sind und wo Sie entstehen.

- Emotionen treiben uns an und motivieren uns.
  Wenn Sie eine erfolgreiche Karriere planen, wenn Sie sich eine harmonische Familie wünschen oder einen Abenteuerurlaub planen: Woher kommen diese Wünsche? Richtig – aus unseren Emotionssystemen (vgl. Kapitel 1.2).
- Emotionen bewerten Dinge und Handlungen.
  Sie haben die Wahl zwischen zwei neuen Jobs. Bei Unternehmen A sind die Aufstiegschancen besser, während das Unternehmen B ein herzlicheres Betriebsklima hat. Sie wählen Unternehmen A. Warum? Weil Ihre Emotionssysteme im Gehirn diese Entscheidung für Sie gefällt haben.
- Emotionen verändern unsere Körperzustände.
  Sie fahren mit dem Auto entspannt auf einer engen Landstraße. Plötzlich kommt Ihnen auf Ihrer Spur ein überholendes Auto in geringer Entfernung entgegen. Sie machen eine Vollbremsung. Alles ist noch einmal gut gegangen. Aber Ihre Hände zittern noch vor Schreck und Ihr Herz pocht. Warum? Weil Ihre Emotionssysteme Ihren Körper mit Adrenalin und Stresshormonen vollgepumpt haben.
- Emotionen verändern unseren Gesichtsausdruck und unsere Körperhaltung.
  Ihr Kunde hat Ihren Kaufvertrag mit einer hohen Kaufsumme soeben unterschrieben. Als Sie das erfahren, springen Sie hoch und schreien laut Hurra. Leider können Sie sich nicht selbst sehen: Aber Ihr Gesicht strahlt vor Freude, Ihre Stimme überschlägt sich und Ihre Körperhaltung strotzt vor Selbstbewusstsein.
- Emotionen teilen sich über Gefühle im Bewusstsein mit.
  Diesen gerade gewonnenen Verkaufsabschluss erleben Sie auf der bewussten Ebene als Gefühle. In diesem Fall Jubel- und Siegesgefühle.

Wir haben gesehen, dass Emotionen viel mehr sind als nur Gefühle. Jetzt interessiert uns natürlich, welche Emotionssysteme es im Kundengehirn gibt und welche Ziele diese Emotionssysteme haben. Schauen wir uns das emotionale Betriebssystem im Kundengehirn auf den folgenden Seiten etwas genauer an.

1.2 Was Ihre Kunden wirklich antreibt – die Emotionssysteme

In einer umfangreichen Forschungsarbeit habe ich die vielfältigen Erkenntnisse der Hirnforschung mit bestehendem Wissen der Psychologie und umfangreichen eigenen Untersuchungen zu einem Gesamtmodell der Emotionen mit dem Namen Limbic® verknüpft. Ziel war es, ein Modell für die Verkaufspraxis zu formulieren, das auf festem wissenschaftlichen Boden steht, aber zugleich leicht verständlich und universell einsetzbar ist.[1] Abbildung 1 gibt einen Überblick über die Grundstruktur der Emotionssysteme.

1 Viele weiterführende Informationen zum wissenschaftlichen Hintergrund dieses Modells finden Sie unter www.haeusel.com.

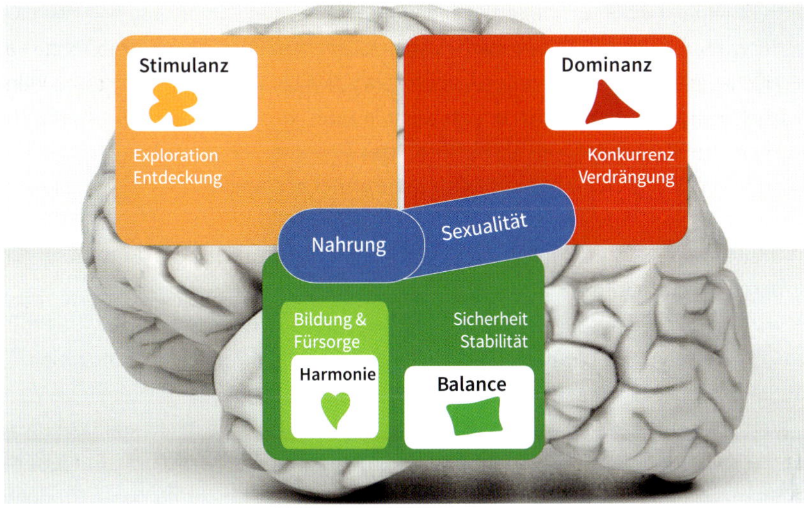

Abb. 1: Die wichtigsten Emotionssysteme im Gehirn

In unserem Gehirn gibt es neben den Vitalbedürfnissen wie Essen und Trinken folgende fünf Emotionssysteme, die wir im Anschluss näher kennenlernen werden:

- das Balancesystem
- das Harmoniesystem
- das Dominanzsystem
- das Stimulanzsystem
- das Sexualitätssystem

Das Balancesystem: Der Kundenwunsch nach Sicherheit und Stabilität

Das stärkste Emotionssystem im Kundengehirn ist das Balancesystem. Das Balancesystem hat das Ziel, Risiken zu vermeiden, möglichst keine Veränderungen zuzulassen, soviel Sicherheit wie möglich zu bekommen und möglichst viele Gewohnheiten und Ordnungsstrukturen aufzubauen. Wenn Ihr Kunde nach Referenzen fragt, Produktgarantien haben möchte, Prüfberichte anfordert, den Kaufvertrag peinlich genau überprüft oder an Ihrem Wettbewerber festhält, obwohl Ihre Leistungen besser sind, dann führt das Balancesystem die Regie im Gehirn Ihres Kunden.

Das Balancesystem Ihres Kunden sucht nach Sicherheit, Ordnung und Stabilität.

Das Harmoniesystem: Der Kundenwunsch nach Nähe und Fürsorge

Eng mit dem Balancesystem im Gehirn verknüpft ist das sogenannte Harmoniesystem. Das Harmoniesystem besteht aus zwei Teilen, einem Bindungssystem und einem Fürsorgesystem. Das Bindungssystem ist dafür verantwortlich, dass wir uns einer Gruppe oder einem Verein anschließen oder eine Familie gründen. Das Fürsorgesystem bewirkt, dass wir uns um unsere Familie, Freunde oder Haustiere kümmern. Es erwartet allerdings auch, dass sich jemand um uns kümmert, wenn wir Probleme oder Sorgen haben. Auch im Gehirn Ihres Kunden gibt es den Wunsch nach persönlichem Kontakt und nach Menschen, die sich um seine Probleme oder Aufgaben persönlich kümmern. Er sucht den persönlichen Rat und jemanden, an den er sich wenden kann, wenn etwas schiefläuft. Das Harmoniesystem ist auch dafür verantwortlich, dass der Kunde Ihnen die Treue hält und Sie, wenn Sie ihn nicht enttäuschen, als wirklichen Partner betrachtet.

Das Harmoniesystem Ihres Kunden will die persönliche Nähe und Betreuung durch den Verkäufer.

Das Stimulanzsystem: Der Kundenwunsch nach Neuem, Erlebnis und Innovation
Das Stimulanzsystem im Kundengehirn sucht das Neue, das Außergewöhnliche. Wenn Ihr Kunde Sie im Verkaufsgespräch fragt, was denn das Innovative an Ihrer Lösung sei, wenn er sich freut, dass er der Erste ist, der diese neue Lösung bekommt, dann ist das Stimulanzsystem aktiv. Das Stimulanzsystem möchte aber nicht nur neue Produkte, es möchte auch neue Lieferanten. Es ist anfällig für neue Geschäftspartner, wenn die alten langweilig werden und nichts Originelles bieten. Das Stimulanzsystem bildet somit ein gefährliches Eingangstor in bestehende Geschäftsbeziehungen. Im Konsumbereich ist das Stimulanzsystem auch der Treiber für den Wunsch nach Individualität, also der Wunsch, anders zu sein als die langweilige, breite Masse. Es hält uns an, aufzufallen und der oder die Erste zu sein, die das neue iPhone besitzt.

Das Stimulanzsystem Ihres Kunden will mit Neuem überrascht werden.

Das Dominanzsystem: Der Kundenwunsch nach Leistung, Erfolg und Status
Das Dominanzsystem im Kundengehirn ist zuständig für den Wettbewerbsvorsprung, für Leistung, Macht und Erfolg. Wenn Ihr Kunde nach Leistungsvorteilen fragt, wenn er wissen will, wie mit Ihrer Lösung sein Wettbewerbsvorsprung weiter ausgebaut werden kann, wie die Effizienz seines Unternehmens oder bestimmter Prozesse vergrößert wird, dann ist das Dominanzsystem aktiv.

Das Dominanzsystem plädiert auch für einen Lieferantenwechsel, wenn das Produkt der Konkurrenz besser oder bei gleicher Leistung billiger ist. Das Dominanzsystem hat aber noch eine weitere Seite: Karriere und Status. Es treibt den Kunden an, Macht zu gewinnen, eine Karriere aufzubauen und seinen Status zu verbessern. Über diese oft sehr starken Motive spricht der Kunde in der Regel nicht, weil diese egoistischen Motive in unserer christlichen Kultur nicht gerne gesehen sind. Aber ein Blick in die meisten Unternehmen mit ihren inneren Machtkämpfen zeigt, dass diese Kraft sehr aktiv ist.

Das Dominanzsystem Ihres Kunden will, dass Sie ihm helfen, seine anspruchsvollen Ziele zu erreichen und seine Macht und seinen Status zu vergrößern.

Das Sexualitätssystem: Der Kundenwunsch nach persönlicher Attraktivität

Das Sexualitätssystem im Gehirn unternimmt alles, was der Fortpflanzung dient. Zu diesem Zweck gehen wir auf Partnersuche und versuchen, dabei so attraktiv wie möglich zu sein. Während im B2B-Bereich so manche Geschäfte durch »Rotlicht-Unterstützung« angebahnt und ausgeweitet werden, spielt im Konsumbereich die Sexualität in vielen Produktgruppen eine direkte und wichtige Rolle. Das gilt beispielsweise für Frauen im Bereich der Mode und Kosmetik. Bei Männern haben oft Autos, Sportgeräte und selbst Bohrmaschinen unbewusst eine sexuelle Komponente. Ähnlich wie bei den Dominanzfeldern Status und Karriere ist es auch in unserer Kultur eher verpönt, die Sexualität im Verkauf direkt anzusprechen. Sie ist dem Kunden zudem selbst oft nicht bewusst: Der Porsche-Käufer meint, dass es die Leistung seines Sportwagens sei, die ihn besonders anzieht. Tatsächlich geht es aber um die Potenzsignale, die er aussenden möchte. Die männliche Sexualität ist im Gehirn eng mit dem Dominanz-, die weibliche eng mit dem Stimulanz- und dem Harmoniesystem verknüpft. Auch beim Zusammentreffen von Kunde und Verkäufer spielt die Sexualität oft eine große, aber unbewusste, implizite Rolle.

Das Sexualitätssystem Ihres Kunden will, dass Sie ihn oder sie attraktiv finden.

Konflikte zwischen den Emotionssystemen

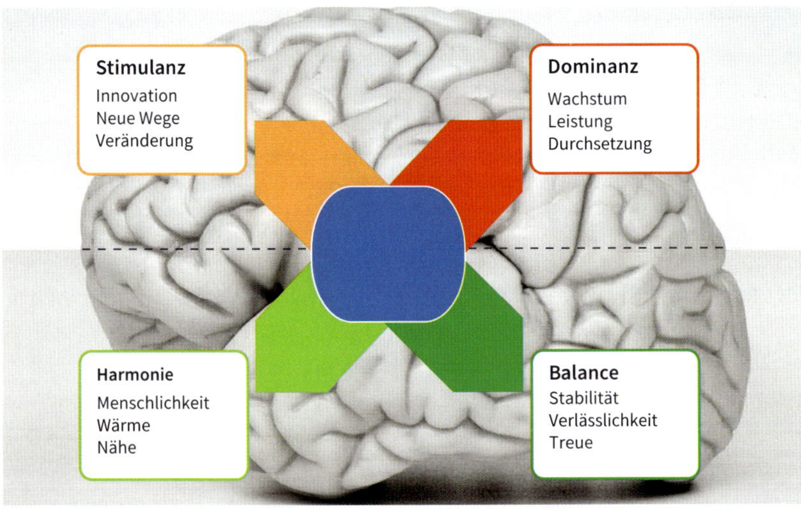

Abb. 2: Spannungsverhältnisse zwischen den Emotionssystemen

Wenn Sie die Beschreibung der Emotionssysteme aufmerksam gelesen haben, ist Ihnen sicher aufgefallen, dass die Emotionssysteme unterschiedliche, häufig sogar widersprüchliche Ziele verfolgen. Das Balance- und das Harmoniesystem beispielsweise drängen darauf, gewohnte Lieferantenbeziehungen zu erhalten. Das Stimulanzsystem dagegen würde gerne einmal Fremdgehen, um neue Lieferantenerfahrungen zu machen. Und während dem Harmoniesystem die guten persönlichen Beziehungen zwischen Anbieter und Kunden sehr wichtig sind, zählt für das Dominanzsystem nur eines: die möglichst messbare Leistung. Die gleichen Spannungen finden wir natürlich auch auf der Produktebene: Das Balancesystem möchte beim bewährten und eingeführten Produkt bleiben, während das Dominanz- und das Stimulanzsystem sehr anfällig sind, wenn es etwas Neueres und Besseres gibt. Abbildung 2 zeigt diese Spannungsverhältnisse zwischen den Emotionssystemen.

1.3 Kundenlust und Kundenfrust – Belohnungs- und Bestrafungssystem

Alle Emotionssysteme im Gehirn haben immer zwei Seiten: Eine lustvolle und belohnende Seite (Belohnungssystem) und eine frustvolle, bestrafende Seite (Bestrafungs- und Vermeidungssystem).

Schauen wir uns die Funktionsweise der Emotionssysteme nun etwas genauer an.

Die Lust- und Frustseite des Balancesystems
Wenn der Kunde Ihnen vertraut, weil Sie Ihr Leistungsversprechen zuverlässig halten, und wenn Ihre Produkte sicher und problemlos laufen, erlebt der Kunde dies als positives Gefühl der Sicherheit. Das Gegenteil geschieht, wenn er sich zum Beispiel nicht auf Ihre Lieferzusagen verlassen kann oder Ihre Produkte permanent kaputtgehen: In diesem Fall wird das Kundengehirn mit dem Angst- und Stresshormon Cortisol überschwemmt.

Die Lust- und Frustseite des Harmoniesystems
Diese zwei Seiten finden wir auch beim Harmoniesystem: Wenn Sie sich persönlich um den Kunden und auch um seine privaten Anliegen und Sorgen kümmern, hat er das Gefühl der Geborgenheit und des Vertrauens. Wenn Sie ihn aber allein lassen und ihm bei Problemen nicht helfen, wird Ihr Kunde von Ihnen enttäuscht sein.

Die Lust- und Frustseite des Dominanzsystems
Wenn Sie Ihrem Kunden das Gefühl geben, ein VIP zu sein, indem Sie ihm helfen, besser zu werden bzw. seinen Status zu vergrößern, steigert dies das Selbstwertgefühl Ihres Kunden. Wenn Sie ihn aber links liegen lassen, überheblich und arrogant zu ihm sind oder ihn warten lassen, wecken Sie negative Gefühle wie Zorn und Wut in seinem Gehirn.

Die Lust- und Frustseite des Stimulanzsystems
Wenn Sie Ihren Kunden ab und zu mit etwas Neuem überraschen oder ihm spannende Erlebnisse bieten, kommt in seinem Gehirn Freude auf. Wenn Sie ihm aber immer wie-

der das Gleiche zeigen, wird er sich bald gelangweilt Ihrem Konkurrenten zuwenden. Abbildung 3 zeigt diesen Zusammenhang auf.

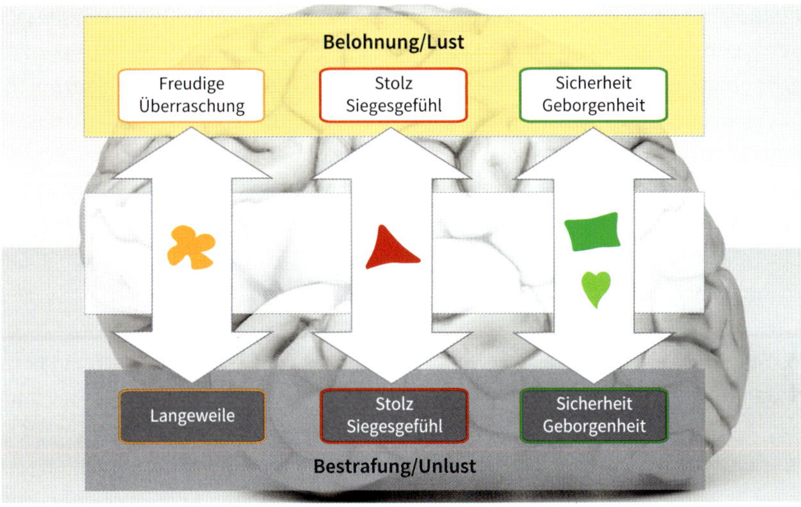

Abb. 3: Belohnung und Bestrafung im Kundengehirn

Das Belohnungs- und das Bestrafungssystem haben zudem besondere Eigenarten, auf die Sie im Umgang mit Ihren Kunden achten sollten.

Das Belohnungssystem ist nie zufrieden und will immer mehr

Das Belohnungssystem im Kundengehirn kennt nur eine Richtung und die heißt: Mehr! Es gewöhnt sich relativ schnell an eine Belohnung (positives Erlebnis) und stellt bald die Frage: Kann ich noch mehr davon haben? Ein kleines Beispiel soll dies verdeutlichen: Sie räumen Ihrem Kunden beim Kauf einen bestimmten Rabatt ein. Denn Rabatte sind Belohnungen für das Gehirn. Beim Folgekauf des gleichen Produkts will er von Ihnen nicht nur den Rabatt, den er schon zuletzt bekommen hatte, er will meist noch mehr. Ebenso verhält es sich auch bei anderen Leistungen: Wenn Sie Gott und die Welt in Bewegung setzen, dass Ihr Kunde seine Lieferung einen Tag früher erhält als vereinbart, wird er das bald als normal empfinden und diese Leistung als Standard fordern. Damit wird klar: Kundenbegeisterung ist ein Rennen ohne Ziellinie. Langfristigen Erfolg haben deshalb nur die, die nie zufrieden sind, sondern sich im Prinzip jeden Morgen fragen: Was kann ich noch besser, schöner, schneller und herzlicher für meine Kunden machen?

Wenn Sie Ihren Kunden begeistern wollen, müssen Sie ihm mehr (Belohnung) bieten, als er eigentlich erwartet hat.

Das Bestrafungs- und Vermeidungssystem hasst Verluste

Auch das Bestrafungssystem hat seine Eigenheiten: Es hasst Verluste wie die Pest. Wenn Sie dem Kunden zum Beispiel aufgrund der Leistungs- oder Preispolitik Ihres Unternehmens etwas wegnehmen müssen, zum Beispiel eine kostenlose Expresslieferung, und er fortan dafür bezahlen muss (= Verlust einer Leistung), dann beginnt das Bestrafungssystem in seinem Gehirn zu randalieren. Der amerikanische Wirtschaftsnobelpreisträger Daniel Kahneman konnte in diesem Zusammenhang zeigen, dass für unser Gehirn Verluste eine doppelt so starke Bedeutung haben wie Gewinne. Wenn Sie Ihrem Kunden 50 Euro wegnehmen, erlebt er dies als doppelt so stark negativ, als er es umgekehrt positiv erlebt, wenn Sie ihm einen unerwarteten Rabatt von 50 Euro einräumen. Wie Sie diesen Mechanismus positiv in Ihrer Verkaufsargumentation nutzen können, erfahren Sie in Kapitel 11.5.

> Wenn Sie dem Kunden eine gewohnte Leistung wegnehmen, rebelliert sein Gehirn!

Die emotionale Bewertung Ihres Angebots erfolgt weitgehend unbewusst

Vielleicht werden Sie jetzt fragen, wie es denn möglich ist, dass die Emotionen einen solch starken Einfluss auf unsere eigenen Entscheidungen und die Entscheidungen unseres Kunden haben, ohne dass wir diesen Einfluss bemerken. Die Bewertungen und die Entscheidungen im Gehirn erfolgen weitgehend unbewusst! Um das zu verstehen, machen wir auf den folgenden Seiten einen kleinen Ausflug in das Gehirn unseres Kunden und damit natürlich auch in unser eigenes.

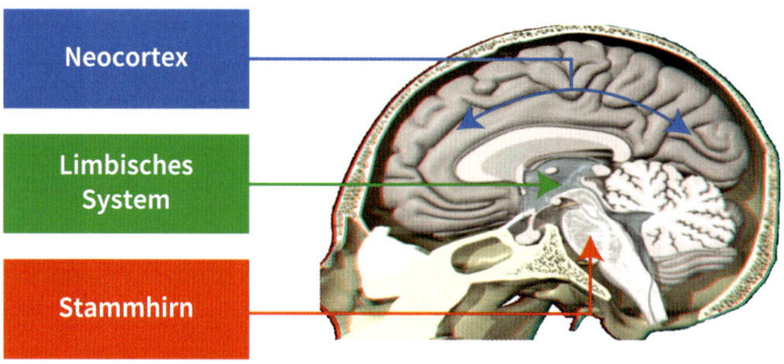

Abb. 4: Der (vereinfachte) Aufbau des Gehirns

Grob gesprochen lässt sich das menschliche Gehirn in drei Zonen einteilen (vgl. Abb. 4). Bis vor wenigen Jahren ging man von folgender Vorstellung aus: »Oben« im Großhirn, also in der Vorstandsetage, sei der Sitz der Vernunft. Dort würde stets rational und bewusst entschieden. Ausgehend vom Zwischenhirn würde das Großhirn bei seinen rationalen Entscheidungen durch Emotionen gestört. Und von »unten«, ausgehend vom Stammhirn, also aus der Hausmeisterwohnung, würden die niederen Instinkte wie Sexualität und Fußball nach ihrer Erfüllung schreien.

Das alte Denken lässt sich so auf den Punkt bringen: Das vernünftige Großhirn regiert und das Stammhirn randaliert.

Diese Vorstellung vom bewussten und vernünftigen Menschen, der ab und zu von seinen Emotionen und Instinkten gestört wird, hätten wir gerne noch viele Jahrhunderte beibehalten. Die Hirnforschung hat aber herausgefunden, dass dieses hehre Bild vom vernünftigen Menschen und einem rationalen Entscheidungsablauf in seinem Kopf völlig falsch ist. Man erkannte nämlich, dass das emotionale Zentrum des Gehirns, entwicklungsgeschichtlich das ältere limbische System, welches zum größten Teil im Zwischenhirn verortet ist, das eigentliche Machtzentrum in unserem Kopf ist. Auch wurde bald deutlich, dass auch das Großhirn unter der Herrschaft der Emotionen steht. Deswegen wird heute der Teil des Großhirns, der direkt über den Augen sitzt, auch dem limbischen System zugerechnet. Das limbische System ist übrigens keine einheitliche Hirnstruktur, es ist lediglich eine Sammelbezeichnung für all jene Hirnbereiche, die wesentlich an der Verarbeitung von Emotionen beteiligt sind.

Der Bewertungsprozess des limbischen Systems

Wie das emotionale Zentrum im Kundengehirn Ihr Angebot bewertet, ahnen wir eigentlich schon. Bevor die Ergebnisse der (Produkt-)Bewertung ins Bewusstsein des Kunden gelangen, wird alles, Ihr Angebot, Ihr Service, Ihre Prospekte, Ihre Verkaufsräume usw. befragt (vgl. Abb. 5).

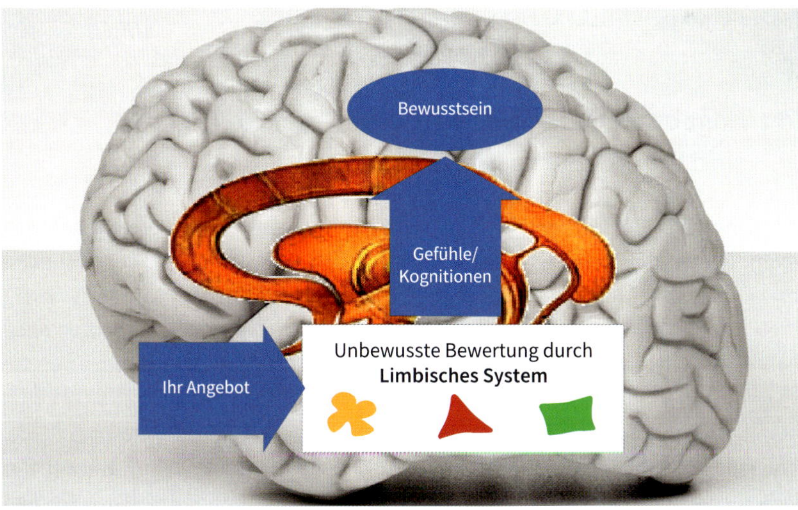

Abb. 5: Bewertung durch das limbische System

- Das Balancesystem fragt:
  Gibst du mir Sicherheit oder löst du Stress und Angst aus?
- Das Dominanzsystem fragt:

Erhöhst du meinen Status und hilfst du mir, meine Ziele zu erreichen, oder behinderst du mich?

- Das Stimulanzsystem fragt:
  Hast du etwas Neues, Spannendes für mich oder langweilst du mich?
- Das Harmoniesystem fragt:
  Kümmerst du dich um mich? Kann ich dir vertrauen oder nutzt du mich aus und lässt mich allein, wenn ich dich brauche?

Der entscheidende Punkt in diesem Bewertungsprozess: Erst wenn die Bewertung abgeschlossen ist, wird das Ergebnis dieser Bewertung in das Bewusstsein des Kunden gespielt. Das Bewusstsein steht also am Ende dieses unbewussten Bewertungsprozesses!

> Bevor Ihr Angebot ins Bewusstsein Ihres Kunden gelangt, hat es eine für den Kunden weitgehend unbewusste Bewertung durch sein limbisches System hinter sich.

Der Kunde hat selbst das Gefühl, dass er bewusst bewertet und entschieden hat – doch das ist ein großer Irrtum: Hirnforscher sprechen hier von einer sogenannten »Benutzer-Illusion«. Während der unbewussten Bewertung greift das Kundengehirn auch auf frühere Erfahrungen und Erlebnisse zurück. Dabei werden aber nur seine emotionalen Erfahrungen berücksichtigt.

1.4 Angebote, die keine Emotionen auslösen, sind für das Gehirn wertlos!

Die Erkenntnisse der Hirnforschung führen uns eindringlich vor Augen: Es sind allein die Emotionen, die im Kundengehirn Wert schaffen. Nur Emotionen geben der Welt und damit auch Ihrem Angebot Wert und Bedeutung. Die Rechnung unseres Gehirns ist relativ einfach: Wer mehr Geld für sein Produkt oder seine Dienstleistung haben möchte, muss seinen emotionalen Wert erhöhen.

In Kapitel 10 werden wir wichtige Verkaufstechniken kennenlernen, die Ihnen helfen, Ihr Angebot im limbischen System Ihrer Kunden groß herauszubringen. Zwei Beispiele verdeutlichen das Prinzip. Beispiel 1 kommt aus dem Konsumbereich (B2C), Beispiel 2 aus dem Geschäftssektor (B2B).

Beispiel 1: Das Prinzip der Emotionalisierung im Konsumbereich (B2C)

Nehmen wir einmal an, Sie verkaufen Kaffee. Dann bekommen Sie für die Menge, die ein Konsument braucht, um sich eine Tasse Kaffee zu brühen, ca. 1 bis 2 Cent. Davon werden Sie sicher nicht reich. Was können Sie jetzt tun, um mehr Geld für genau diesen Kaffee zu erwirtschaften? Die Antwort: Emotionalisieren Sie das Produkt! Wie gehen Sie dabei vor? Sie machen den Kaffee zur Marke. Marken sind in unserem Gehirn emotionale Verstärker. Der Effekt: Sie bekommen für den gleichen Kaffee jetzt 7 Cent. Eine Wertsteigerung von fast 700 % allein durch Emotionalisierung. Jetzt wittern Sie das große Geld und fragen, ob da noch mehr geht? Die Antwort: Ja, nämlich durch weitere Emotionalisierung. Sie erzählen eine berührende emotionale Geschichte von dem Ort, wo die Kaffeebohnen gepflückt wurden. Sie inszenieren den Kaffee über alle Sinne, Sie servieren den Kaffee in einer schönen Umgebung. Das Ergebnis dieser konsequenten Emotionalisierung können Sie jeden Tag bei Starbucks erleben – für 3,50 Euro pro Tasse. Abbildung 6 zeigt dieses Prinzip der Wertsteigerung durch Emotionalisierung.

Abb. 6: Wertsteigerung durch konsequente Emotionalisierung

Beispiel 2: Das Prinzip der Emotionalisierung im B2B-Bereich

Nehmen wir einmal an, Sie verkaufen Profi-Bohrmaschinen. Eine normale Maschine kostet im Markt ca. 180 Euro. Was können Sie und Ihr Unternehmen tun, um mehr Geld dafür zu bekommen? Der erste Schritt wird sein, Ihre Maschine besser als die des Wettbewerbs zu machen: Ihre Maschine bringt eine höhere Leistung bei geringerem Gewicht (= Dominanzmotiv), zudem ist sie wesentlich zuverlässiger und hat eine längere Lebensdauer (= Balancemotiv). Dadurch steigt der erzielbare Verkaufspreis auf 250 Euro. Nun kommt der Designer ins Spiel: Er gibt Ihrer Maschine ein beeindruckendes Design und verbessert zusätzlich die Ergonomie. Dadurch lässt sich der Verkaufspreis auf 320 Euro erhöhen. Damit sind wir noch nicht am Ende. Für einen Profi-Handwerker gibt es nichts Schlimmeres als den Ausfall seines Handwerkszeugs. Aus diesem Grund etablieren Sie einen Profi-Service: Direktreparatur auf der Baustelle (Stichwort »Power-Service« = Dominanzmotiv). Parallel dazu machen Sie aus

Ihrem Unternehmen eine starke Marke mit emotionalen Kundenevents und Profi-Trainings. Der Effekt: Sie bekommen für Ihre Maschine jetzt ca. 380 Euro.

An diesen Beispielen sehen wir, wie die Wertsteigerung durch Emotionalisierung im Einzelnen funktioniert. Auch wenn die Wertsteigerung im B2B-Bereich nicht ganz so üppig ausfällt wie im Konsumbereich, das Prinzip der Wertsteigerung durch Emotionalisierung ist das Gleiche.

Neben der Vormacht der Emotionen spielt noch eine zweite Eigenschaft des Kundengehirns eine wichtige Rolle für den Verkauf. Dieser wenden wir uns jetzt zu.

1.5 Das Kundengehirn ist denkfaul

Viele Verkäufer sprudeln förmlich über vor lauter Verkaufsargumenten. Sie reihen ein Argument an das andere und kommen vom Hundertsten ins Tausendste. Sie glauben: Je mehr Argumente, desto größer die Wahrscheinlichkeit für einen Verkaufsabschluss. Leider haben sie die Rechnung ohne das Kundengehirn gemacht. Das Kundengehirn besitzt nämlich eine weitere Eigenschaft, die ein guter Verkäufer berücksichtigen muss: Es hasst das Komplizierte! Es hasst das Denken! Anders formuliert: Je einfacher die Argumentation ist, desto glücklicher, also kaufbereiter ist das Kundengehirn. Je leichter und problemloser der Kunde zu seiner Lösung kommt, desto mehr Geld ist er bereit dafür auszugeben.

Woran liegt das? Das Gehirn verbraucht beim Denken ungeheuer viel Energie. Der Anteil unseres Gehirns an unserer gesamten Körpermasse beträgt lediglich 2 %. Wenn das Gehirn aber intensiv denkt, verbraucht es 20 % der gesamten Körperenergie. Die Evolution gibt aber ein klares Gesetz vor: Nur diejenigen Organismen überleben erfolgreich, die mit so wenig Energie wie möglich auskommen. Das führt dazu, dass in unserem Körper und im Gehirn ein Mechanismus eingebaut ist, der uns anhält, sparsam mit unserer Energie umzugehen. Um zu verstehen, was ich meine: Lesen Sie einmal eine Seite in Immanuel Kants »Kritik der reinen Vernunft«. Schon nach dem zweiten Satz bekommen Sie Kopfschmerzen, weil Denken extrem anstrengend ist. Hier von Kopfschmerzen zu reden ist übrigens kein Witz. Wenn ein Kundengehirn mit schwierigen und komplexen Botschaften konfrontiert wird, ist ein Teil des Schmerzzentrums im Gehirn, die sogenannte Insula, aktiv. Wenn die Botschaft dagegen einfach und sofort begreifbar ist, freut sich das Belohnungs- und Lustzentrum, der sogenannte Nucleus accumbens.

Abbildung 7 zeigt den Unterschied in den Hirnreaktionen. Es handelt sich eigentlich um eine identische Verkaufsbotschaft: In der Variante auf der linken Seite ist diese umständlich und kompliziert formuliert sowie zusätzlich in einer schwer lesbaren Schrift geschrieben. Auf der rechten Seite wird die Botschaft kurz, knapp und prägnant dargestellt.

Abb. 7: Komplizierte Verkaufsargumente aktivieren das Schmerzzentrum – einfache Botschaften aktivieren das Lustzentrum

Für den Verkauf hat dieser Zusammenhang eine große Bedeutung. Warum? Weil ein Gehirn unter Stress viel weniger kaufbereit ist als ein Gehirn »in guter Laune« – wir werden uns damit später noch intensiver beschäftigen.

Tipp

Nehmen Sie dem Gehirn Ihres Kunden das Denken ab, machen Sie es ihm so einfach wie möglich.

1.6 Das Kundengehirn lässt am liebsten das Unbewusste »denken«

Einverstanden, werden Sie sagen, das Kundengehirn ist halt denkfaul. Es kommen aber noch weitere erschwerende Umstände hinzu: Das Kundengehirn ist nicht nur faul, es ist auch sehr, sehr langsam: Unser bewusstes Denken verarbeitet in der Sekunde nämlich nur 40 bis 60 Bits, während das Unbewusste 11.000.000 Bits verarbeitet. Zeitgleich finden auf vier verschiedenen Ebenen (unbewusste) Verarbeitungsprozesse statt:

- **Ebene 1: Situationale Einflüsse**
  Ohne dass wir dies oft bemerken, werden wir von Umgebungseinflüssen gesteuert. In einem vornehmen Restaurant benehmen wir uns unbewusst anders als in der Eckkneipe. Bei schönem Wetter sind wir abenteuerlustiger und offener als bei Sauwetter. In Kapitel 6 beschäftigen wir uns damit intensiver.

2 Sich selbst erkennen: So bringen Sie Ihr Unbewusstes auf Erfolgskurs

Was Sie in diesem Kapitel erwartet
Nicht alle Verkäufer sind gleich erfolgreich. Die einen gewinnen einen Verkaufswettbewerb nach dem anderen, während die anderen diesen Verkaufs-Assen hinterherlaufen. Ein Grund dafür liegt in der unterschiedlichen Persönlichkeitsstruktur der Verkäufer.

Unsere Emotionssysteme bilden die Basis unserer Persönlichkeit. Sie treiben uns zum Erfolg an – oder auch nicht. Wie man mit seinen Stärken und Schwächen gut umgeht und ein erfolgreicher Verkäufer wird, erfahren Sie in diesem Kapitel.

2.1 Was Ihre Persönlichkeit zum Verkaufserfolg beiträgt

Ob Sie im Verkauf erfolgreich sind, hängt letztlich von drei Dingen ab:
1. Haben Sie ein gutes Produkt oder eine gute Leistung anzubieten?
2. Sind Sie in der Lage, Ihre Waffen (Verkaufstechniken und Sachwissen etc.) professionell einzusetzen?
3. Wird Ihre Verkaufstätigkeit durch Ihre Persönlichkeit unterstützt?

Bevor wir uns nach draußen, zum Kunden begeben, ist es unabdingbar, dass wir uns zunächst mit unserer eigenen Verkäuferpersönlichkeit und ihren Stärken und Schwächen beschäftigen. Damit Ihnen ein unvoreingenommener Blick in den eigenen Spiegel gelingt, möchte ich Sie dazu einladen, einen kurzen, kostenlosen Persönlichkeitstest zu machen. Sie finden ihn auf der Website www.haeusel.com. Besonders wichtig: Sie hinterlassen dabei keine Spuren im Netz – das Ergebnis kennen nur Sie und sonst niemand!

Tipp !

Besuchen Sie die Website www.haeusel.com und machen Sie einen kurzen kostenlosen Limbic-Persönlichkeitstest®.

Wenn die Emotionssysteme einen Großteil unseres Denkens und Verhaltens prägen, dann folgt daraus fast zwangsläufig, dass auch die Grundpersönlichkeit eines Menschen weitgehend auf diesen Kräften basieren muss. Menschen sind aber verschieden. Ebenso wie die Menschen nicht gleich groß sind, sind auch die Emotionssysteme von Person zu Person unterschiedlich ausgeprägt. Diese individuellen Unterschiede sind zu etwa 50 % angeboren. So sind Menschen mit überdurchschnittlicher Ausprägung des Stimulanzsystems von Geburt an extrem neugierig und auf der Suche nach neuen Reizen. Solche mit hoher Dominanz-Ausprägung fallen schon im Kindergarten dadurch auf, dass sie den Ton angeben und Chef aller kleinen Strolche sind. Und Menschen, deren Balance-Kraft überdurchschnittlich stark ausgeprägt ist, vermeiden schon als Kind alles, was gefährlich ist. Sie sind oft schüchtern und ängstlich. Veränderungen sind allerdings möglich: Durch Erfolgs- und Misserfolgserlebnisse und durch das Alter verändert sich unser emotionales Gehirn und damit unsere Persönlichkeit.

Für die Verkaufspraxis interessiert uns natürlich die Frage, ob die Emotionssysteme auf den beruflichen Erfolg von Verkäufern Einfluss nehmen. Haben besonders erfolgreiche Verkäufer möglicherweise eine typische Struktur der Emotionssysteme? Um es vorwegzunehmen: Diese Struktur gibt es!

Das limbische Persönlichkeitsprofil von Verkäufern

Abbildung 8 zeigt das Persönlichkeitsprofil eines Verkäufers. Verkäufer haben sehr unterschiedliche individuelle Ausprägungen in den vier Emotionssystemen. In der Abbildung wird zwischen höherer, mittlerer und geringer Ausprägung unterschieden.

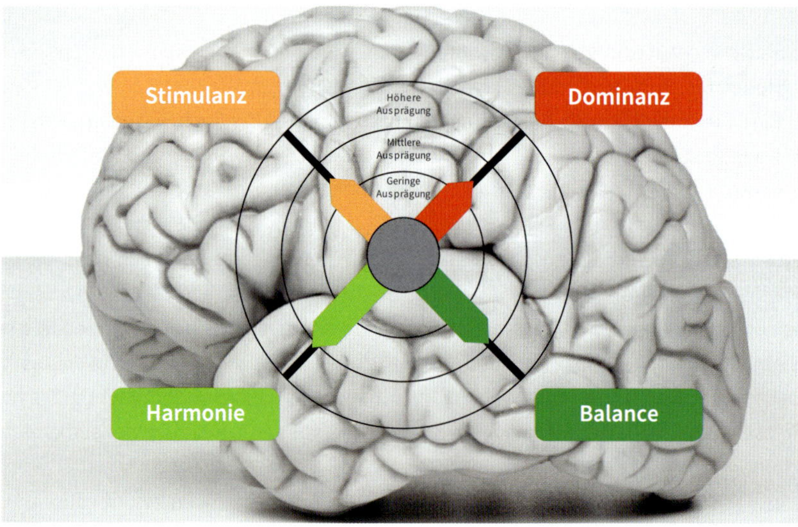

Abb. 8: Persönlichkeitsprofil (Beispiel)

In dieser Darstellung sehen Sie die Grunddynamik unserer Emotionssysteme: Während das Dominanz- und Stimulanzsystem nach oben auf Wachstum zeigen, weisen das Harmonie und das Balancesystem nach unten. Dies sind unsere beharrenden und gewohnheitsliebenden Kräfte. Wir sehen aber noch etwas ganz Wichtiges. Die Persönlichkeitsdimensionen stehen in einem Spannungsverhältnis zueinander. Genau gegenüber der Balance-Dimension liegt die Stimulanz-Dimension und gegenüber der Harmonie-Dimension liegt die Dominanz-Dimension. Was bedeutet das? Es gibt Unvereinbarkeiten: Eine gleichzeitig hohe Ausprägung der Stimulanz-Kraft und der Balance-Kraft ist ebenso wenig möglich wie eine hohe Ausprägung der Dominanz-Kraft bei gleichzeitiger Ausprägung der Harmonie-Kraft. Ein Mensch, der extrem neugierig ist, ist natürlich auch risikobereit und das ist genau das Gegenteil von dem, was das Balancesystem will. Ähnlich verhält es sich mit dem Dominanz- und Harmoniesystem. Das Dominanzsystem ist auch unser »Ego-System«. Es fordert, dass wir uns gegen andere durchsetzen. Und das ist das Gegenteil von dem, was das Harmoniesystem fordert, nämlich Liebe und Einfühlungsvermögen. Diese Unvereinbarkeiten finden natürlich nur an den extremen Polen statt. Jeder Mensch hat alle Emotionssysteme und lebt immer in diesem Widerspruch, sowohl das Neue zu suchen als auch Gewohnheiten zu bewahren. Ebenso wie wir unsere eigenen Interessen verfolgen achten wir trotzdem auch auf andere. Klar wird aber auch, dass es eine Vielzahl von solchen unterschiedlichen limbischen Profilen gibt.

Die vier Verkäufertypen

Trotz dieser Einschränkung gibt es eine Vielzahl von möglichen limbischen Profilen. Im Rahmen dieses Buches ist es natürlich nicht möglich, alle diese Möglichkeiten darzustellen. Ich beschränke mich deshalb auf vier Verkäufertypen. Diesen Prototypen gebe ich einen Namen. Der Grund dafür liegt darin, dass wir ihnen im Laufe dieses Buches immer wieder begegnen. Die Bildung solcher Prototypen ist, das muss uns klar sein, eine extreme Vereinfachung! Diese Vereinfachung ist aber hilfreich, damit die Zusammenhänge klarer werden. Schauen wir uns nun die vier wichtigsten Verkäufertypen etwas genauer an.

1. Der Hard-Seller

Sein Limbic-Persönlichkeitsprofil® wird von einer überdurchschnittlich starken Dominanz-Kraft geprägt (vgl. Abb. 9). Wie wir gesehen haben, ist die Dominanz-Kraft der zentrale Antrieb für sein Durchsetzungsvermögen, für Leistung, Erfolg und Status.

Die **Stärken des Hard-Sellers** im Verkauf liegen auf der Hand: Er ist von Kopf bis Fuß auf Verkaufserfolg getrimmt! Schon am Morgen beim Aufstehen leuchten in seinen Augen die Dollar-Zeichen. Er setzt sich klare Verkaufsziele und zieht seinen Plan eisern durch. Geld motiviert ihn direkt und unmittelbar. Seine großen Idole sind die Verkaufstrainer, die Durchsetzung und Hard Selling propagieren. Verkaufswettbewerbe spornen ihn genauso an, wie die Aussicht auf ein größeres Firmenfahrzeug mit Statusanspruch. Sein Tag ist klar strukturiert und geplant. Die wichtigen Kundengespräche werden gut vorbereitet. Misserfolge werfen ihn nicht so leicht aus der Bahn. Gerät ein potenzieller Kunde ins Visier, wird er eisern verfolgt. Aufgrund seiner Durchsetzungskraft und seiner Unbeirrbarkeit macht dieser Typ schnell Karriere. Eine weitere Stärke des Hard-Sellers liegt darin, dass er permanent daran arbeitet, sich selbst zu verbessern. Er geht in Trainings, studiert Verkaufsratgeber und schaut immer darauf, was die Konkurrenz besser macht als er selbst. Aber jede Stärke ist zugleich eine Schwäche.

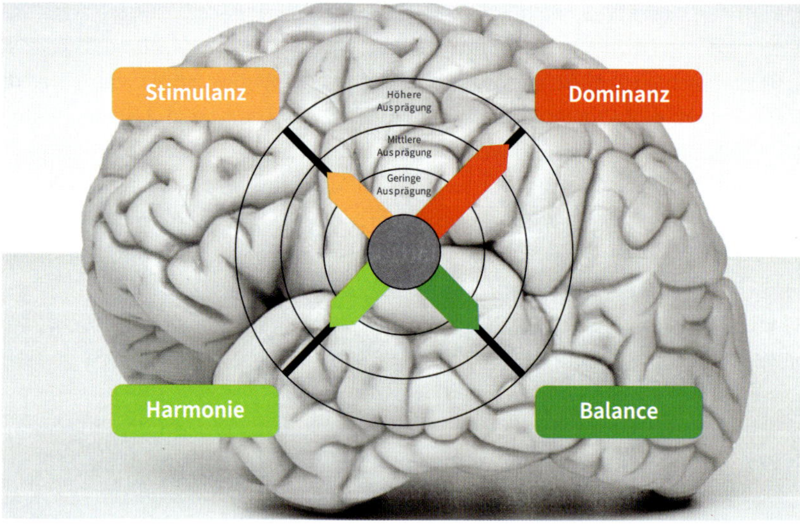

Abb. 9: Persönlichkeitsprofil – Verkaufstyp Hard-Seller

Die **Schwächen des Hard-Sellers** liegen in seinem schwach ausgeprägten Einfühlungsvermögen. Wenn ein Kunde im Verkaufsgespräch von seinen persönlichen Nöten und Problemen erzählt, interessiert das den Performer tief im Innern nicht wirklich. Er betrachtet solche Gesprächsinhalte als unnötige »Zeitfresser«, die ihn auf dem Weg zu seinem Ziel, den Verkaufserfolg, aufhalten. Aus diesem Grund wirkt der Hard-Seller manchmal leicht arrogant und allzu selbstbewusst, weil er durch seine Körpersprache dieses soziale Desinteresse ausdrückt, was ihm oft nicht bewusst ist.

Die idealen Einsatzgebiete des Hard-Sellers: Neukundengewinnung, Markterschließung, Finanzvertrieb, Firmenkundengeschäft in Banken; Strukturvertrieb, Verkaufsleiterfunktionen.

2. Der Korrekte

Das Limbic-Persönlichkeitsprofil® des Korrekten wird von einer überdurchschnittlich starken Balance-Kraft geprägt (vgl. Abb. 10). Die Balance-Kraft ist der innere Motor für Sicherheit, Stabilität, Verlässlichkeit, Ordnung und Liebe zum Detail.

Die **Stärken des Korrekten** liegen in seiner Zuverlässigkeit und seiner Berechenbarkeit. Diese Eigenschaften sind, und das kommt ihm zugute, zugleich die tragenden Säulen von Vertrauen. Vertrauen ist aber, wie wir noch sehen werden, die zentrale Basis für nachhaltigen Verkaufserfolg. Auf die Versprechen und Zusagen des Korrekten kann sich der Kunde ebenso verlassen wie auf die Wahrhaftigkeit seiner Argumente. Nichts wird übertrieben oder in einem falschen Licht dargestellt. Verkaufstricks verabscheut der Korrekte, weil sie für ihn Manipulation bedeuten. Nach seinen Besuchsrhythmen kann man die Uhr stellen. Seine Angebote sind umfassend und bis in kleinste Detail korrekt.

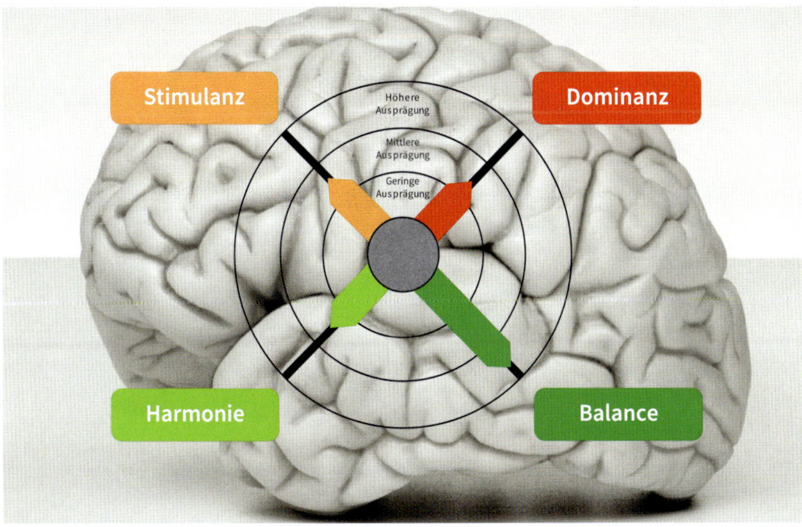

Abb. 10: Persönlichkeitsprofil – Verkaufstyp des Korrekten

Die **Schwächen des Korrekten** liegen in seiner geringeren Flexibilität und seiner eher unterdurchschnittlichen Begeisterungsfähigkeit. Der schnelle und direkte Verkaufserfolg spielt für ihn eine eher geringe Rolle. Neue Produkte und neue Verkaufsmethoden lehnt er unbewusst ab. Verkaufen bedeutet für ihn: Abarbeiten von strukturierten Vorgaben und Besuchsplänen.

Die idealen Einsatzgebiete des Korrekten: Bestandskundenpflege, Marktpflege, Großhandels-Außendienst mit regelmäßigen und häufigen Kundenkontakten, Verkäufer in Baumärkten, Berater/Verkäufer für Bankfilialkunden.

3. Der Kunden-Versteher

Sein Limbic-Persönlichkeitsprofil® ist von einem überdurchschnittlich stark entwickelten Harmoniebedürfnis geprägt (vgl. Abb. 11). Das Harmoniesystem sorgt dafür, dass wir Nächstenliebe, Fürsorge und Verständnis für andere entwickeln und uns um andere (selbstlos) kümmern.

Die **Stärken des Kunden-Verstehers** liegen in seinem Einfühlungsvermögen und seiner echten Warmherzigkeit für den Kunden. Kunden fühlen sich bei ihm einfach aufgehoben. Wenn sie ein Problem haben: Der Kunden-Versteher ist ein warmherziger Zuhörer und ein liebevoller Kümmerer. Viele Kunden betrachten ihn als Freund und danken es ihm mit langjähriger Treue.

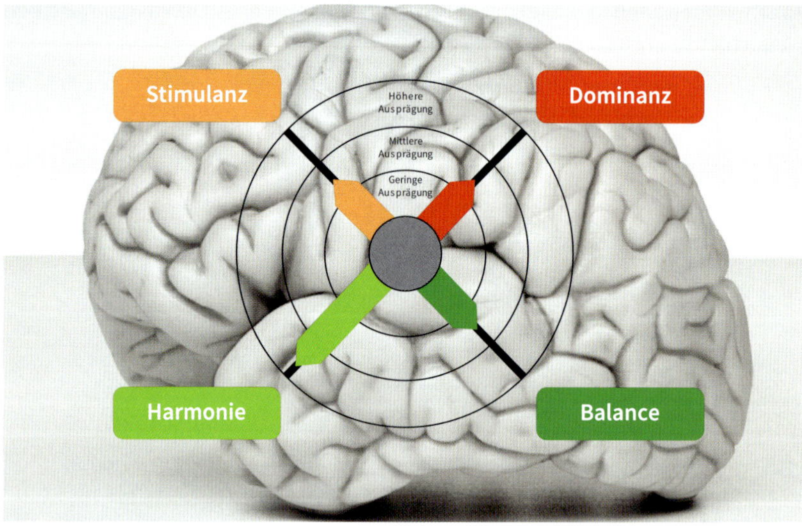

Abb. 11: Persönlichkeitsprofil – Verkaufstyp Kunden-Versteher

Die **Schwächen des Kunden-Verstehers** werden natürlich auch deutlich: Er vergisst gerne das eigentliche Verkaufen und die Abschlussorientierung. Vor klaren und eindeutigen Empfehlungen scheut er sich. Ehrgeizige Verkaufsziele sind seine Sache nicht. In Konflikten zwischen dem Unternehmen und dem Kunden ist er häufig aufseiten des Kunden zu finden. Der Kunden-Versteher hat noch ein kleines Problem: Er sieht eher die Schwierigkeiten und weniger die Chancen und ist ebenso wie der Bewahrer eher pessimistisch.

Die idealen Einsatzgebiete des Kunden-Verstehers: Bestandskundenpflege, Verkäufer in Apotheken oder Tierhandlungen, Berater/Verkäufer für Bankfilialkunden.

4. Der Kunden-Begeisterer

Sein Limbic-Persönlichkeitsprofil® ist von einer überdurchschnittlich starken Stimulanzkraft geprägt (vgl. Abb. 12). Das Stimulanzsystem liebt es, neue Menschen und neue Sachen kennenzulernen, es ist zudem schnell von einer Sache begeistert.

Die **Stärken des Kunden-Begeisterers** sind seine Kontaktfähigkeit und seine (soziale) Neugier. Der Kunden-Begeisterer geht offen und mit Freude auf andere zu – seine gute Laune und sein Witz sind einfach ansteckend. Für neue Produkte und Innovationen kann er sich begeistern und verkauft sie mit derselben Begeisterung auch an neue Kunden. Verkaufen ist für ihn keine Arbeit, sondern ein einziges Spiel. Absagen oder verlorene Verkaufsabschlüsse steckt er relativ schnell weg.

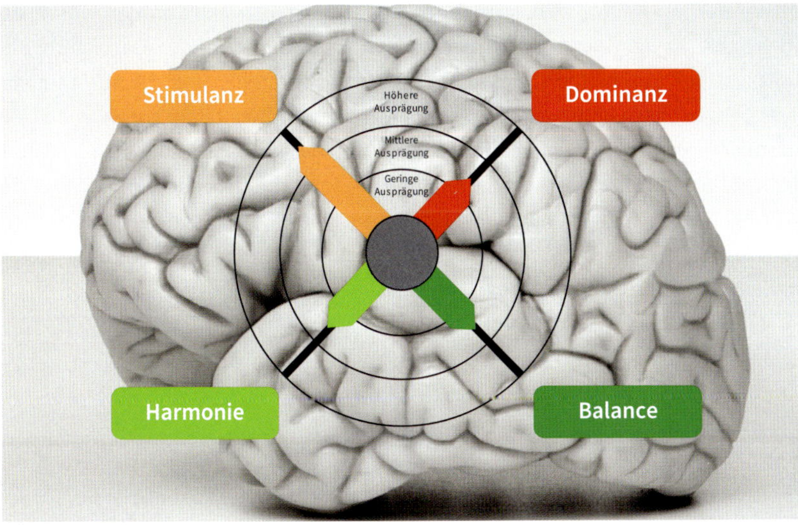

Abb. 12: Persönlichkeitsprofil – Verkaufstyp Kunden-Begeisterer

Die **Schwächen des Kunden-Begeisterers** sind seine Sprunghaftigkeit und seine gewisse Neigung zum Chaos. Reglementierte Verkaufsprozesse und Strukturvorgaben sorgen bei ihm genauso für Unmut wie Kundenadministration und systematische Kundendatenverwaltung. In seiner Begeisterung lässt er sich auch gerne auf Zusagen gegenüber seinen Kunden ein, deren Erfüllung die Organisation und das Unternehmen oft vor große Probleme stellt.

Die idealen Einsatzgebiete für den Kunden-Begeisterer: Neukundenakquise, Verkäufer in Branchen mit hoher Innovationsgeschwindigkeit, Haustürverkauf.

2.2 Pessimistische Verkäufer küsst das Schicksal nicht

Verkaufserfolg hängt also zu einem erheblichen Teil vom limbischen Persönlichkeitsprofil des Verkäufers ab. Der amerikanische Psychologe Martin Seligman hat diesen Zusammenhang untersucht. Er geht davon aus, dass Menschen, die ihrer Umwelt mit positiven Erklärungsmustern gegenübertreten, also die Optimisten, im Verkauf erfolgreicher sind als die Pessimisten. Die US-Versicherungsgesellschaft Metropolitan Life hat genau diese Erfahrung gemacht. Versicherungsverkäufer mit pessimistischer Einstellung geben ihren Job durchschnittlich nach einem Jahr auf, doppelt so häufig wie jene mit optimistischen Erklärungsmustern. Zudem schließen die Optimisten in den ersten Jahren bis zu 50 % mehr Versicherungen ab.

Welcher der in Kapitel 2.2 beschriebenen Verkäufertypen zählt zu den Optimisten und welcher zu den Pessimisten? Der Hard-Seller und der Kunden-Begeisterer sind von Hause aus optimistisch, während der Kunden-Versteher und der Korrekte eher etwas pessimistisch unterwegs sind. Wenn der Persönlichkeitstest auf www.haeusel.com zu dem Ergebnis geführt hat, dass Sie zu dem Verkäufertyp Kunden-Begeisterer oder Hard-Seller zählen, werden Sie sich über diese Nachricht freuen. Wenn Sie zu den eher pessimistisch eingestellten Verkäufern tendieren, werden Sie jetzt vielleicht mit Ihrem Schicksal hadern und sich fragen, ob sich die Persönlichkeitsstruktur verändern lässt. Die gute Nachricht: Yes – you can!

2.3 Herausforderungen meistern – So nutzen Sie die Siegerspirale

Wie wir oben gesehen haben, gibt es einen angeborenen Anteil in unserer Persönlichkeit, der ca. 50 % ausmacht. Das mag man für einen hohen oder geringen Prozentsatz halten. Tatsache ist aber, dass die anderen 50 % von äußeren Faktoren beeinflusst werden. Zwar haben diese äußeren Faktoren einen besonders starken Einfluss während unserer ersten Lebensjahre. Aber auch im Erwachsenenalter ist unser Gehirn keine Einbahnstraße. Es lässt sich noch verändern. Im Gehirn gibt es nämlich einen Mechanismus, der einen Menschen selbstbewusster, stärker und optimistischer macht: Die sogenannte »Siegerspirale«. Wie funktioniert dieser Mechanismus? Wenn Sie aufgrund eigener Anstrengungen und Leistungen Erfolge erzielen, verändern sich bestimmte Nervenbotenstoffe in Ihrem Gehirn (vgl. Abb. 13):

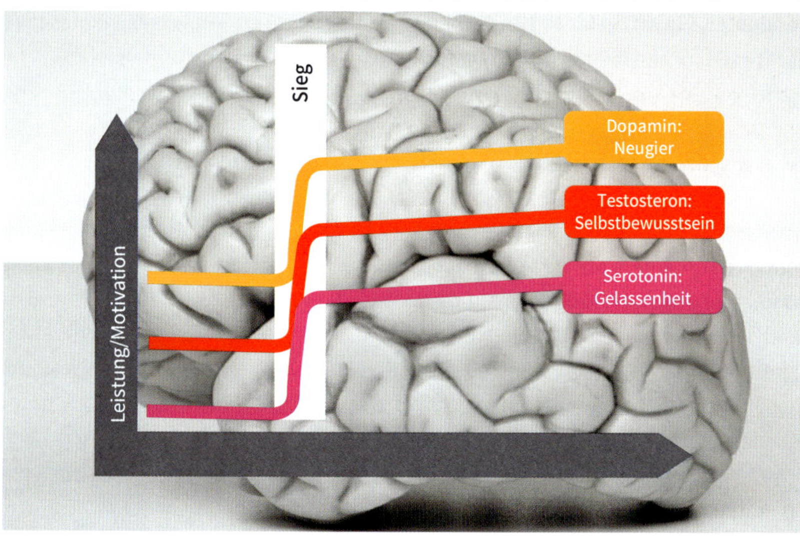

Abb. 13: Die Siegerspirale

So funktioniert die Siegerspirale

1. Das »Optimismushormon« Dopamin (besonders wichtig im Stimulanzsystem) nimmt zu.
2. Sie werden aufgeschlossener und freuen sich auf Ihre Aufgaben und Kunden.
3. Das »Selbstbewusstseinshormon« Testosteron (besonders wichtig im Dominanzsystem) nimmt zu. Sie trauen sich mehr zu und nehmen Ihre Aufgaben beherzter in Angriff.
4. Das »Gelassenheitshormon« Serotonin nimmt zu. Sie stecken Misserfolge leichter weg und sind auch unter Stress entspannter.

Aber wie setzt man die Siegerspirale in Gang? Die zentralen Auslöser sind Siege und Erfolge. Die gibt es aber nur, wenn man aktiv ist und seinem inneren Schweinehund einen kräftigen Tritt in den Hintern versetzt. Damit sich aber auch wirklich Siege einstellen, muss man sich für seine Aufgaben auch Ziele setzen, die erreichbar sind. Unrealistische und überzogene Ziele sind für die Siegerspirale Gift. Wer gerade mit dem Bergsteigen beginnt und das Ziel hat, nächste Woche den Mount Everest zu bezwingen, wird sicher scheitern. Viel besser wäre es deshalb, sich für den nächsten Sonntag einen Berg auszusuchen, der mit der vorhandenen Kondition und dem Können auch zu bewältigen ist, aber dennoch eine größere Herausforderung darstellt. Ein kleines Risiko des Scheiterns darf oder sollte sogar dabei sein. Wenn man diesen Berg bezwingt, setzt sich nicht nur die Siegerspirale in Gang – man wird auch mit einem besonderen Flow belohnt. Das Flow-Gefühl, das der amerikanisch-ungarische Psychologe Mihály Csíkszentmihályi beschrieben hat, stellt sich ein, wenn man eine Aufgabe meistert, deren Anforderung genau zwischen Unterforderung und Überforderung liegt. Die Siegerspirale ist natürlich kein einmaliges Ereignis, sondern möchte immer wieder befeuert werden.

Übertragen wir diese Überlegungen nun auf die Verkaufspraxis: Nehmen Sie sich jede Woche eine Verkaufsaufgabe vor, die eine größere, aber machbare Herausforderung darstellt. Wenn Sie die Herausforderung erfolgreich gemeistert haben, sollten Sie sich bewusst belohnen.

Tipp !

Buchen Sie einen Platz in der Siegerspirale! Setzen Sie sich ein herausforderndes, aber erreichbares Ziel und strengen Sie sich an, dieses zu erreichen.

2.4 Armchair-Selling: Wie Sie mit mentalem Training noch besser werden

Was können Sie vor schwierigeren Verkaufsgesprächen tun, um die Erfolgswahrscheinlichkeit erheblich zu steigern? Die Antwort: Mentales Training im Lehnstuhl (armchair). Alle erfolgreichen Spitzensportler, aber auch Piloten, Chirurgen und Einsatzkommandos der Polizei arbeiten mit mentalen Techniken, wie sie im Folgenden beschrieben werden. Im Laufe der Jahre wurden viele Trainingsvarianten für unterschiedliche Einsatzbereiche entwickelt. Alle haben sie eines gemeinsam: Sie präparieren das Gehirn für die bevorstehende Aufgabe und programmieren es auf das zu erreichende Ziel hin. Machen Sie es sich also bequem. Wir gehen jetzt die einzelnen Schritte durch, die Sie am besten in der hier vorgestellten Reihenfolge einige Stunden vor der eigentlichen Verkaufsherausforderung durchlaufen sollten.

Schritt 1: Führen Sie positive Selbstgespräche

Insbesondere der Kunden-Versteher und der Korrekte haben die Tendenz zu negativen Selbstgesprächen. Wir sprechen häufig mit uns selbst in einer Art innerem Dialog: »Das wird aber schwierig. Ich glaube nicht, dass ich das schaffe ...« oder »Das Wettbewerbsprodukt ist besser als meins.« »Heute ist der 13. Da gelingt das sowieso nicht.« Aus dem Leistungssport und von Extrembergsteigern weiß man, dass diese negativen inneren Dialoge fast automatisch zum Misserfolg führen.

! Tipp

Analysieren Sie Ihre Selbstgespräche vor schwierigen Situationen. Führen Sie keine negativen Selbstgespräche.

Solche Dialoge setzen Angsthormone frei und Angsthormone haben eine Eigenschaft: Sie blockieren Handlungen und Bewegungen. Was wir aber im Gehirn brauchen ist Dopamin. Das Dopamin sorgt nicht nur für Optimismus, es initiiert auch Handlungen und Aktivität in unserem Gehirn. Verändern Sie deshalb Ihre Sicht auf die Dinge. Schreiben Sie zuerst drei bis fünf Gründe auf, die Sie besonders kompetent erscheinen lassen und Ihr Angebot besonders attraktiv machen. Formulieren Sie daraus positive innere Sätze. Wenn Sie beispielsweise im Vertrieb von Logistik-Software arbeiten, könnte die positive Selbstsuggestion zum Beispiel so aussehen: »Ich habe zehn Jahre Erfahrung im Bereich Lagerlogistik. Da macht mir keiner etwas vor und unsere Software ist die Beste, die es derzeit auf dem Markt für mittelständische Unternehmen gibt.« Dabei ist es wichtig, diese Selbstsuggestion möglichst oft, am besten jeden Morgen, zum Beispiel beim Zähneputzen, zu machen.

! Tipp

Geben Sie Ihrem Gehirn durch positive Selbstsuggestion einen Dopamin-Kick.

Schritt 2: Formulieren Sie konkrete Ziele

Durch den Aufbau der positiven Selbstgespräche haben wir im Unbewussten Kraft getankt. Diese Kraft muss jetzt auf ein Ziel gelenkt werden. Viele Verkäufer machen bei der Zielformulierung einen entscheidenden Fehler: Das Ziel wird nicht konkret formuliert. Eine unkonkrete Formulierung lautet zum Beispiel: »Ich will, dass der Kunde meinen Kaufvertrag unterschreibt.« Genau darauf stellt sich dann unser Unbewusstes ein. Wir arbeiten auf dieses Ziel hin und der Kunde unterschreibt den Kaufvertrag. Allerdings gibt es ein kleines Problem: In den Vertragsverhandlungen hat uns der Kunde so viele Zugeständnisse und Preisnachlässe abgerungen, dass das Ergebnis alles andere als zufriedenstellend ist. Deswegen ist es wichtig, unser Unbewusstes richtig – nämlich auf ein erfolgreiches Ziel hin – zu programmieren. Statt der Zielformulierung »Kunde unterschreibt Kaufvertrag« ist es besser, im Geist die Eckpunkte zu spezifizieren. »Ich will, dass der Kunde den Kaufvertrag über 65.000 Euro für die Werkzeugmaschine Y inklusive Aufstellung der Maschine unterschreibt. Zudem möchte ich einen Wartungsvertrag über zwei Jahre über 3.000 Euro an diesen Kunden verkaufen. Mehr als 500 Euro Nachlass gebe ich nicht.«

Tipp !

Nur mit konkret formulierten Zielen programmieren Sie Ihr Gehirn richtig.

Schritt 3: Simulieren Sie den Verhandlungsablauf

Nachdem wir Kraft und Zuversicht getankt und unser Gehirn auf ein Ziel ausgerichtet haben, geht es im nächsten Schritt des mentalen Trainings darum, sich den Verhandlungsablauf konkret vorzustellen. Besonders wichtig: Bauen Sie zwei bis drei richtige »Notfälle« in die Simulation ein und bereiten Sie sich darauf mental vor. Sie stellen sich zum Beispiel vor, wie Sie in das Besprechungszimmer des Interessenten hereingeführt werden und in eine Runde eher gleichgültiger Mienen blicken. Bauen Sie im Geist Ihren Laptop auf und bereiten Sie sich mental auf den ersten »Notfall« vor: Der Beamer des Kunden erkennt Ihren Laptop nicht. Spielen Sie durch, wie Sie ganz ruhig die Situation meistern. Sie beginnen mit Ihrer Präsentation und schon kommt der nächste »Notfall«: Während Ihrer Präsentation sagt der Produktionsleiter laut »Da ist die Wettbewerbsmaschine aber viel besser«. Normalerweise würden Sie jetzt nervös werden und überstürzt antworten: »Das ist nicht richtig, unsere Maschine ist besser«, aber Sie stellen sich jetzt vor, wie Sie ruhig bleiben und souverän antworten: »Danke, dass Sie mit Ihrer Meinung nicht hinterm Berg halten! Am Ende meiner Präsentation werde ich Ihnen einen detaillierten Wettbewerbsvergleich zeigen. Ich freue mich dann auf die Diskussion mit Ihnen.« Gehen Sie in dieser Weise in kleinen Schritten den gesamten Verhandlungsablauf durch und stellen Sie sich am Schluss konkret vor, wie Sie sich mit dem Geschäftsführer und den anderen Verhandlungspartnern auf Ihr Ziel (65.000 Euro plus Wartungsvertrag) einigen.

Zum Notfallprogramm gehört es auch, Ausweichrouten und alternative Vorschläge in der Tasche zu haben, falls die Verhandlung stockt und zu scheitern droht (mehr dazu in Kapitel 12).

! **Tipp**

Simulieren Sie mental, wie Sie mit Notfällen in schwierigen Verhandlungssituationen umgehen.

Durch das mentale Training sind wir jetzt also bestens vorbereitet. Wirklich? Nicht ganz. Es fehlt noch ein ganz wichtiger Aspekt: Wer ist eigentlich Ihr Verhandlungspartner? Damit wollen wir uns im nächsten Kapitel beschäftigen.

3 Zielen: So verkaufen Sie direkt ins Herz Ihrer Kunden

Was Sie in diesem Kapitel erwartet

Kunden unterscheiden sich in der individuellen Ausprägung ihrer Emotionssysteme. Diese Ausprägung ist nicht nur maßgeblich dafür verantwortlich, was sie motiviert, sondern auch dafür, was sie gut finden und welche Eigenschaften eines Produktes für sie besonders wichtig sind. Gute Verkäufer stellen sich in ihrer Argumentation auf die Persönlichkeit ihrer Kunden ein.

In Kapitel 2 haben wir uns mit der Verkäuferpersönlichkeit und ihrem Einfluss auf den Verkaufsstil und den Verkaufserfolg beschäftigt. Jetzt drehen wir den Spieß um und fragen, wie sich die unterschiedlichen emotionalen Ausprägungen bei unseren Kunden bemerkbar machen und wie wir dieses Wissen im Verkauf nutzen können. Die Emotionssysteme im Gehirn sind der Antrieb unserer Kunden. Sie geben ihnen vor, was für sie wichtig oder weniger wichtig ist. Und genau darum geht es in diesem Kapitel. Denn wir ebenso wie unsere Kunden sehen die Welt nicht objektiv, wie sie wirklich ist, sondern immer durch die Brille unserer Emotionssysteme.

3.1 Die limbischen Kundenprofile

Nehmen wir an, Sie wären ein Autoverkäufer und vor Ihnen steht das Auto, das Sie gerne verkaufen wollen. Nun kommt ein Kunde in Ihr Geschäft und Sie stellen im Laufe des Verkaufsgesprächs fest, dass ihn die Motorleistung, die Beschleunigung und die Höchstgeschwindigkeit des Fahrzeugs besonders interessieren.

Ein weiterer Kunde kommt mit völlig anderen Fragen zu Ihnen. Er fragt Sie, ob sich die Musik seines iPhones per Bluetooth über die Soundanlage des Fahrzeugs abspielen lässt und in welchen Sonderfarben es dieses Fahrzeug gibt.

Und schließlich kommt gegen Abend noch ein dritter Kunde, dem es besonders wichtig ist, dass das Auto von einem deutschen Hersteller stammt. Dieser Kunde fragt Sie zudem nach den Verbrauchswerten, der Haftpflichtversicherungsklasse und schließlich auch nach den Garantiebedingungen.

Ist das nun ein Zufall, dass diese Kunden so unterschiedliche Fragen zum gleichen Auto stellen? Natürlich nicht. Es liegt schlicht und einfach daran, dass sich diese Kunden in ihrer Persönlichkeit erheblich unterscheiden. Bei dem ersten Kunden ist das Dominanzsystem stark ausgeprägt, bei dem zweiten das Stimulanzsystem und bei dem dritten Kunden das Balancesystem.

Nach diesem kurzen Überblick schauen wir uns nun erneut am Beispiel von vier emotionalen Kundentypen genauer an, wie man deren limbisches System individuell zum Jubeln bringt. Die emotionale Grundstruktur dieser Kundentypen kennen wir bereits. Sie ist die gleiche, wie bei unseren Verkäufertypen. Aber während wir im vorherigen Kapitel den Schwerpunkt unserer Betrachtung auf den Verkaufsaspekt gelegt haben, interessieren uns jetzt die gesamte Persönlichkeit unserer Kunden, ihre Wünsche und ihre Vorlieben. Aus diesem Grund geben wir den Kundentypen auch etwas andere Namen als den Verkäufertypen, die auf ihre Grundpersönlichkeit verweisen.

1. Der Harmonie-Sucher

Der Harmonie-Sucher hat, wie der Name schon sagt, eine überdurchschnittliche Ausprägung des Harmoniesystems im Gehirn (passender Verkäufertyp: Kunden-Versteher). Für ihn stehen deswegen gute soziale Beziehungen im Vordergrund.

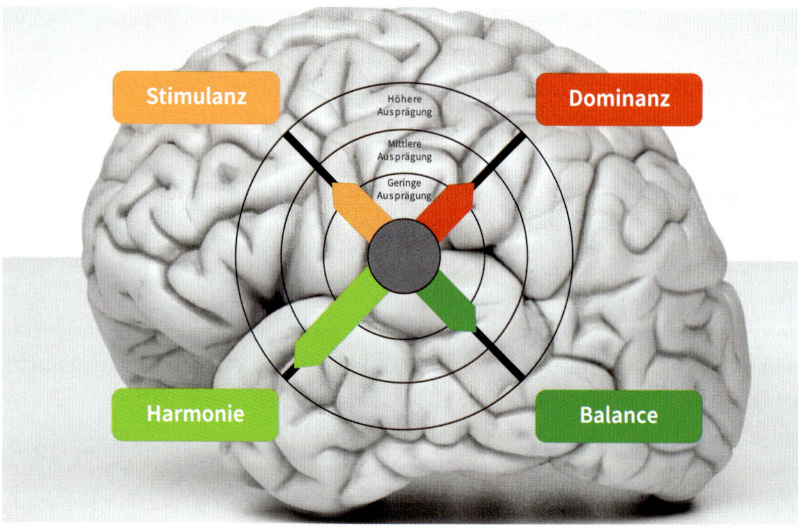

Abb. 14: Der Harmonie-Sucher

Das Vertrauen in die Integrität des Verkäufers ist für ihn von größter Wichtigkeit. Wenn die Sympathie zum Verkäufer da ist, schaut er auch über kleinere Mängel des Produkts großzügig hinweg. Er erwartet aber, dass man sich bei Problemen liebe- und verständnisvoll um ihn kümmert.

Komplexe, unbekannte und risikoreiche Produkte lehnen Harmonie-Sucher ab. Einfachheit und Überschaubarkeit sind für sie wichtig. Harmonie-Sucher sind immer etwas unsicher und ängstlich. Deshalb ist für sie der vertrauensbildende Smalltalk von allergrößter Wichtigkeit. Sie genießen es, wenn man sich viel Zeit für sie nimmt und auf ihre Sorgen und Lebensnöte eingeht. Die Freizeit- und Lebensinteressen drehen sich um Familie, Haus und Garten und um die Besorgung des alltäglichen Lebens. Die regionale Nähe, auch im gemeinsamen Dialekt zwischen Verkäufer und Kunde, wirkt auf Harmonie-Sucher besonders positiv.

Formulierungen, die der Harmonie-Sucher gerne hört
Auch durch unsere Sprache übertragen wir emotionale Botschaften. Viele Formulierungen, die wir oft unbewusst im Verkaufsgespräch nutzen, erzeugen emotionale Resonanz (positiv) oder emotionale Dissonanz (negativ) im Gehirn unserer Kunden. Aus diesem Grunde ist es gut zu wissen, welche Formulierungen direkt zum Herz des Harmonie-Suchers sprechen:

- »Ganz einfach und bequem ...«
- »Sie müssen gar nichts weiter beachten.«
- »Ich bin immer für Sie da.«

Zauberwörter, die der Harmonie-Sucher gerne hört

fürsorglich, geborgen, familiär, freundschaftlich, herzlich, natürlich, unbedenklich, wohltuend, sanft, angenehm, warm, weich, abgestimmt, harmonisch, gemeinschaftlich, einfach, bequem, erleichtern, entspannt, verschönert, schützen ...

Geborgenheit, Einfachheit und emotionale Wärme sind der Schlüssel für das Herz des Harmonie-Suchers.

2. Der Neugierige/Kreative
Der Neugierige/Kreative hat eine überdurchschnittlich starke Ausprägung des Stimulanzsystems (passender Verkäufertyp: Kunden-Begeisterer). Er ist sehr neugierig und er liebt neue soziale Kontakte und Erfahrungen.

Der Neugierige/Kreative ist offen für neuere und ungewohnte Produkte und Produktmerkmale. Zudem ist er auch bereit, Risiken einzugehen. Er ist spontan in seinen Kaufentscheidungen und will der Erste sein, der ein neues Produkt besitzt. Damit ist er auch Trendsetter – gleich ob im Konsum- oder B2B-Bereich. Produkte mit Individualismusversprechen üben eine große Anziehungskraft auf ihn aus. Im B2B-Bereich ist er derjenige, den man mit Innovationen begeistern und für sich gewinnen kann. In der Verkaufssituation ist Lockerheit und Freude am Leben angesagt. Der Neugierige/Kreative betrachtet den Verkäufer gerne als Mitspieler. Nach dem Motto: Was gibt es Neues in der Stadt? Welche Themen beherrschen die Branche?

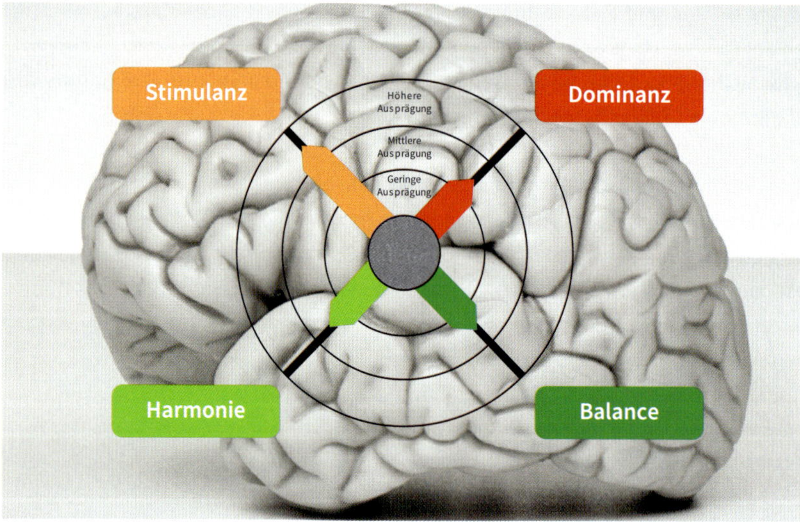

Abb. 15: Der Neugierige/Kreative

Formulierungen, die der Neugierige/Kreative gerne hört

- »neu eingetroffen«
- »Sie sind die Erste, der ich dieses Produkt zeige.«
- »Dieses Produkt hat noch niemand.«
- »Dieses Produkt ist ganz neu auf dem Markt.«
- »Mit diesem Produkt haben Sie 1.000 ungeahnte Möglichkeiten.«
- »außergewöhnliches Design«
- »neueste und innovative Technik«

Zauberwörter, die der Neugierige/Kreative gerne hört

spannend, neu, überraschend, extravagant, kreativ, impulsiv, aufregend, individuell, zukunftsweisend, begeisternd, auffallend, eigenwillig, abwechslungsreich, innovativ, ausgefallen, außergewöhnlich, unabhängig, unkompliziert, im Trend, mutig …
Neues, Ungewöhnliches und Begeisterung sind der Schlüssel für das Herz des Neugierigen/Kreativen.

3. Der Performer

Der Performer zeichnet sich durch eine überdurchschnittliche Ausprägung des Dominanzsystems aus. Das Dominanzsystem gibt vor, sich und seine Interessen (egoistisch) durchzusetzen, der Beste zu sein, nach Status zu streben und auf der Karriereleiter möglichst schnell nach oben zu klettern (passender Verkäufertyp: Hard-Seller).

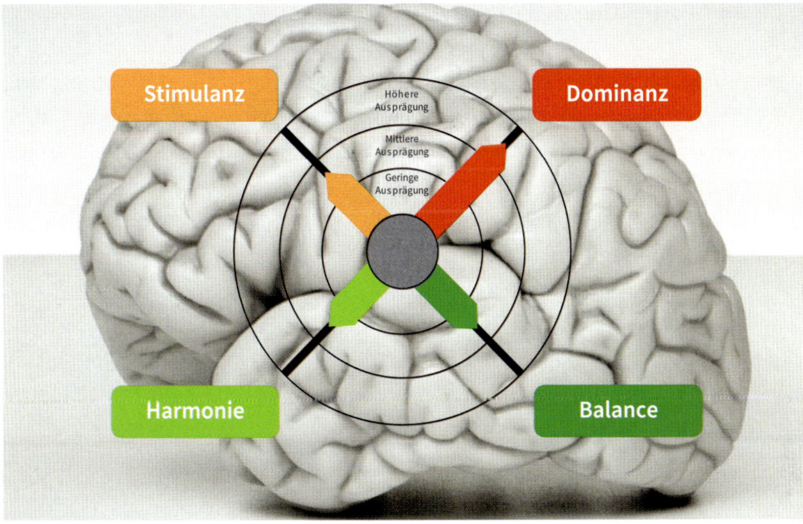

Abb. 16: Der Performer

Der Performer ist selbstbewusst, hält sich selbst für einen Profi und wirkt deshalb oft auch etwas arrogant und überheblich. Der Performer möchte das Beste und die Umwelt soll das auch sehen. Aus diesem Grund liebt und kauft er gerne Produkte, die mit Status verbunden sind. Der Verkäufer muss deshalb kompetent sein und sich auskennen. Der Smalltalk sollte beim Performer auch »small« bleiben. Er hat nur wenig Zeit und diese möchte er effizient einsetzen. Trotzdem erwartet er Bewunderung: Man muss ihm ausreichend Gelegenheit geben, über seine beruflichen und sportlichen Erfolge zu sprechen. Der Performer arbeitet täglich an seiner eigenen Perfektion – das Gleiche erwartet er auch vom Verkäufer. Während der Neugierige und der Harmonie-Sucher über kleine Schlampigkeiten gnädig hinwegsehen, erwartet der Performer Perfektion im Detail. Ein Verkäufer mit billigem Plastikkugelschreiber, verknautschtem Anzug und nachlässigem Schuhwerk wird unbewusst als inkompetent und nicht satisfaktionsfähig abgelehnt.

Formulierungen, die der Performer gerne hört

- »das leistungsstärkste Produkt seiner Klasse«
- »Top-Ergebnisse«
- »ganz schnell«
- »hoch-effizient«
- »etwas ganz Außergewöhnliches«
- »Hightech«
- »Spart Ihnen wertvolle Zeit.«
- »Macht Sie unabhängig.«
- »nur für ausgesuchte (VIP-)Partner«
- »Verschafft Ihnen einen riesigen Wettbewerbsvorsprung.«

Zauberwörter, die der Performer gerne hört

anspruchsvoll, zielgerichtet, erfolgsorientiert, leistungsstark, stark, bärenstark, logisch, hochwertig, effizient, zeiteffizient, mutig, kämpferisch, dominierend, besonders, kompetent, perfekt, clever, strategisch, herausragend, exklusiv, überlegen, optimieren …
Status, Zielgerichtetheit und professionelles Verhalten sind der Schlüssel für das Herz des Performers.

4. Der Bewahrer
Beim Bewahrer ist das Balancesystem überdurchschnittlich stark ausgeprägt. Das Balancesystem fordert Sicherheit, Stabilität, Konstanz und Ordnung (passender Verkäufertyp: Der Korrekte).

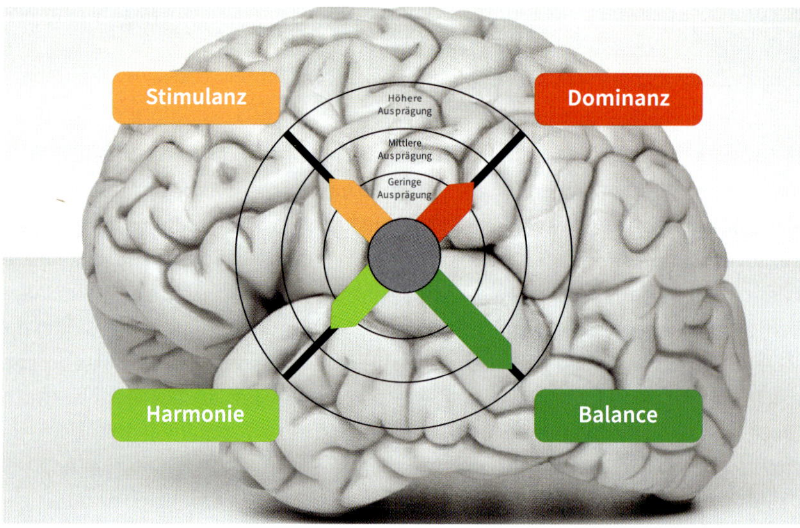

Abb. 17: Der Bewahrer

Der Bewahrer liebt das Bekannte und Bewährte. Innovationen erzeugen in ihm die Angst, nur ein Versuchskaninchen zu sein. Er ist zunächst einmal jedem Angebot gegenüber misstrauisch. Aufgrund seiner Denkstruktur richtet sich dieses Misstrauen auf jedes Detail. Während der Neugierige schnell zum Kaufentschluss kommt, braucht der Bewahrer ewig. Vom Verkäufer wird deshalb große Geduld abverlangt. Individualität und Status spielen beim Bewahrer keine Rolle, dafür gibt er kein Geld aus. Der Bewahrer ist der sparsamste und geizigste aller Kundentypen. Er kauft niemals ein Produkt, bei dem er der Erste ist. Dagegen liebt er es, wenn dieses Produkt schon von tausenden Kunden benutzt und für gut befunden wurde. Testergebnisse haben für ihn ebenso wie Produktgarantien eine hohe Relevanz. Vom Verkäufer erwartet er ein korrektes, aber nicht übertriebenes Auftreten. Teure Verkaufsumgebungen lehnt er ab, denn er muss sie ja mit seinem Geld bezahlen.

Formulierungen, die der Bewahrer gerne hört

- »vielfach getestet«
- »Darauf können Sie sich verlassen!«
- »unser meist verkauftes Modell«
- »unbeschränkte Garantie«
- »ganz sicher und zuverlässig«
- »extrem sparsam und lange haltbar«
- »Das nutzen unsere Partner seit vielen Jahren!«
- »völlig risikolos«
- »eine vernünftige Entscheidung«
- »gesicherte Qualität«

Zauberwörter, die der Bewahrer gerne hört

verlässlich, bewährt, sicher, kontrolliert, präzise, detailliert, schrittweise, traditionell, sorgfältig, funktional, vernünftig, nachgewiesen, fachmännisch, qualitätvoll, praktisch, klassisch, strukturiert, stabil, robust, zweckmäßig, richtliniengemäß, sparsam, ordentlich, erprobt …

Sicherheit, Berechenbarkeit und korrektes Auftreten sind der Schlüssel für das Herz des Bewahrers.

3.2 Warum Frauen anders kaufen als Männer

Wir haben gerade gesehen, wie sich Persönlichkeitsunterschiede bei unseren Kunden auf ihre Kaufentscheidungen auswirken. Zwei neurobiologische Faktoren beeinflussen unser Gehirn und damit unsere Persönlichkeit in ganz besonderer Weise: Geschlecht und Alter. Erfolgreiche Verkäufer kennen diese Unterschiede und stellen sich im Verkaufsgespräch darauf ein. Beginnen wir mit dem Geschlecht. In früheren Jahren wurden insbesondere in Deutschland Geschlechtsunterschiede im Gehirn schlicht verleugnet. Alle beobachtbaren Unterschiede wurden als Produkte der Erziehung oder der Kultur erklärt. Inzwischen wird aber immer deutlicher, dass es diese Unterschiede im Gehirn gibt und sie erhebliche Auswirkungen auf unsere Persönlichkeit und damit auf unsere Kaufentscheidungen haben. Ich will an dieser Stelle nicht ausführlich auf diese Unterschiede im Gehirn eingehen. Ich habe sie detailliert und ausführlich in meinem Buch »Brain View. Warum Kunden kaufen« dargestellt. An dieser Stelle möchte ich nur einen besonders wichtigen Einflussfaktor auf unser Gehirn schildern: die Hormone.

Bei Frauen ist die Konzentration des Sexual- und Bindungshormons Östrogen und des »Kuschelhormons« Oxytocin stärker ausgeprägt, bei Männern insbesondere das Sexual- und Aggressionshormon Testosteron. So ist zum Beispiel das Sozial- und Empathiezentrum im weiblichen Gehirn wesentlich größer als im männlichen. Genau umgekehrt verhält es sich mit dem Aggressionszentrum: Das ist im männlichen Gehirn erheblich größer als bei Frauen. Wichtig ist bei dieser Betrachtung allerdings eine Einschränkung. Und diese lautet: im Durchschnitt. Ebenso wie es Männer mit besonders hoher Sensibilität und großem Einfühlungsvermögen gibt, so gibt es auch extrem durchsetzungsstarke und aggressive Frauen. Aber im Durchschnitt über alle Männer und Frauen gibt es doch erhebliche Unterschiede. Konkret macht sich das so bemerkbar, dass das Dominanzsystem im männlichen Gehirn um ca. 20 bis 30 % stärker ausgeprägt ist, bei Frauen ist das Harmoniesystem um den gleichen Anteil größer als bei Männern. Welche Konsequenzen ergeben sich daraus für erfolgreiche Verkäufer?

Wie man Frauen im Verkaufsgespräch gewinnt

Aufgrund des stärker ausgeprägten Harmoniesystems ist für Frauen die emotionale Beziehung zum Verkäufer oder zur Verkäuferin der Schlüssel zum Erfolg. Erst wenn das weibliche limbische System die Frage beantwortet hat »Kann ich dem Verkäufer trauen? Ist er mir sympathisch?« beginnt für das weibliche Gehirn der eigentliche Kauf. Ungeduldige Verkäufer, die ihre Kundin gleich mit Produktmerkmalen überfallen, schießen in der Regel ein Eigentor. Deshalb ist ein kurzer Smalltalk zum Beziehungsaufbau nicht Zeitverschwendung, sondern ein Erfolgsgarant.

Das stärkere Harmoniesystem hat Auswirkungen auf Produktinteressen: Frauen interessieren sich doppelt so stark wie Männer für Gesundheits- und Wellnessprodukte, Mode, Kosmetik, Einrichtungsgegenstände.

Das stärkere Harmoniesystem hat ebenso Auswirkungen auf die Wahrnehmung: Frauen reagieren auf allen Sinneskanälen wesentlich sensibler als Männer. Sie nehmen Gerüche intensiver wahr. Sie schauen auf Kleinigkeiten und Details. Ihre Fingerspitzen sind sensibler ebenso wie ihre Geschmacksrezeptoren.

Das stärkere Harmoniesystem hat Auswirkungen auf den Denk- und Entscheidungsstil: Frauen beziehen mehr Details in ihre Entscheidung ein, lassen sich oft mehr Zeit und scheuen Risiken, die oft mit einem Kauf verbunden sind. Gerade bei größeren Anschaffungen und Investitionen brauchen Frauen oft länger für das »Ja, das kaufe ich«.

Frauen kaufen erst, wenn die soziale Beziehung zum Verkäufer stimmt.

Wie man Männer im Verkaufsgespräch gewinnt

Wer den vorherigen Abschnitt genau gelesen hat, kann sich vielleicht schon denken, wie man Männer im Verkaufsgespräch gewinnt. Aufgrund des stärker ausgeprägten

Dominanzsystems erwarten Männer eine Statusgeste des Verkäufers: Männer wollen wichtig genommen werden. Das kann in kurzer Zeit erfolgen. Das Dominanzsystem ist auch für Effizienz und Schnelligkeit zuständig.

Das stärkere Dominanzsystem hat Auswirkung auf die Produktinteressen: Männer interessieren sich doppelt so stark wie Frauen für Autos, Technik, Maschinen, Computer und Sportgeräte. Denn hier handelt es sich um Machtmittel, mit denen man auf die Welt einwirken kann.

Das stärkere Dominanzsystem hat Auswirkungen auf die Wahrnehmung: Männer reagieren auf allen Sinneskanälen weniger sensibel als Frauen. Sie riechen weniger, nehmen liebevolle Details oft nicht wahr und erkennen oft nur grobe einfache Strukturen. Alles muss klar und einfach gegliedert sein.

Das stärkere Dominanzsystem hat Auswirkungen auf den Denk- und Entscheidungsstil: Männer beziehen weniger Details in ihre Entscheidung ein. Langwierige Detaildarstellungen langweilen sie und sorgen für Ungeduld.

> Alles, was den Mann stark macht und »Weltkontrolle« sichert, lässt sich gut an Männer verkaufen.

Wenn Männer und Frauen gemeinsam zum Verkaufsgespräch erscheinen

Insbesondere im Konsumbereich geschieht es sehr häufig, dass Paare gemeinsam zum Einkaufen kommen. Da Männer oft vorangehen und gerne das Alphatier spielen, begehen viele Verkäufer den Fehler, daraus auch die wahren Macht- und Entscheidungsverhältnisse abzuleiten. Die Folge: Sie schauen im Verkaufsgespräch unbewusst nur den Mann an, richten ihre gesamte Aufmerksamkeit und Argumentation auf ihn und beziehen die Frau nur nebenbei ein.

Ein fataler Fehler! Viele Untersuchungen zeigen, dass im privaten Bereich die wahre Kaufentscheidungsgewalt im Durschnitt zu 70 bis 80 % bei Frauen liegt. Frauen entscheiden in puncto Einrichtung und Möbeln zu 85 % ebenso bei Lebensmitteln, bei Mode zu 90 %, bei Freizeitreisen zu 80 %. Und bei Autos? Hier sind es immerhin 40 %! Mit einer wichtigen Einschränkung: Sie haben auch hier ein absolutes Vetorecht! Wenn die Frau beim Autokauf »Nein« sagt, läuft nichts! Gute Verkäufer beginnen deshalb das Verkaufsgespräch immer bei den Frauen und beziehen dann den Mann ein. Und diese kleine Bevorzugung bleibt das ganze Verkaufsgespräch erhalten. Auch in der Argumentation denken Sie immer auch mit ans weibliche Gehirn. Zum Beispiel beim Verkauf eines leistungsstarken SUVs. An den Mann gerichtet sagt der Verkäufer: »Dieser Motor leistet 325 PS und beschleunigt das Fahrzeug von 0 auf 100 in 5 Sekunden.« Jetzt der Blick zur Frau: »Damit können Sie auf der Autobahn viel besser und sicherer einfädeln. Zudem ist dieser Wagen wie ein Schutzengel für Sie und Ihre Familie.«

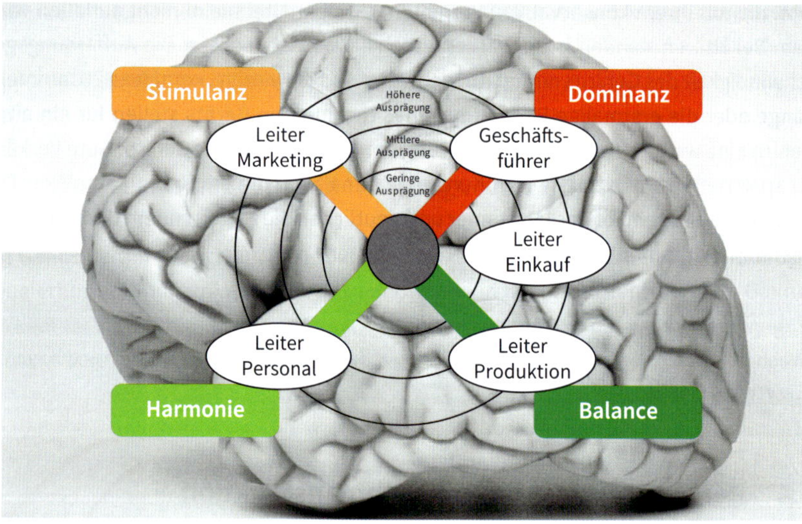

Abb. 19: Persönlichkeit und Unternehmensfunktion

Eine Frage, die mir oft gestellt wird, lautet: Gibt es Zusammenhänge zwischen der Funktion unseres Kunden und seiner Persönlichkeit? Die Antwort lautet: Ja! Der Grund liegt darin, dass Menschen unbewusst einen Beruf aussuchen, der zu ihrer Persönlichkeitsstruktur passt. Ein Mensch mit ausgeprägtem Stimulanzsystem wird mit einem Beruf glücklich, der mit viel Abwechslung und Neuem verbunden ist. Er wird sich verstärkt für einen Job in der Marketing- oder Vertriebsabteilung bewerben. Landet er dagegen in der Buchhaltung, wo es auf größte Genauigkeit ankommt und die Arbeit relativ gleichförmig ist, wird er vor innerer Verzweiflung bald kündigen und sich einen Job suchen, der besser zu ihm passt. Menschen mit einem ausgeprägten Dominanzsystem tun alles dafür, um an die Spitze eines Unternehmens oder einer Abteilung zu kommen. Deswegen findet man in obersten Führungspositionen auch zehnmal so viele Performer, als wir im Durchschnitt der Bevölkerung antreffen.

Häufig stimmt die betriebliche Funktion Ihres Kunden mit seiner Persönlichkeitsstruktur überein.

Viele Menschen finden den richtigen »emotionalen Berufskanal« von Anfang an – andere müssen mehrmals wechseln, bis sie angekommen sind. Diesen meist unbewussten Vorgang, nämlich in dem Beruf zu landen, der zur eigenen Motivationsstruktur und Persönlichkeit passt, wird in der Psychologie als »Selbstselektion« bezeichnet.

3.5 Verkaufen in B2B-Buying-Teams

Im B2B-Bereich kommt es häufig vor, dass bei einer Verkaufspräsentation mehrere Funktionen und Entscheidungsträger mit unterschiedlichen Bedürfnissen versammelt sind. Was ist hier zu tun? Einen argumentativen Einheitsbrei mit Standardargumenten servieren? Niemals – das wäre der größte Fehler, den Sie machen können. Erarbeiten Sie dagegen schon in der Vorbereitung ein differenziertes Argumentationsmenü, in dem jeder seine »emotionale Lieblingsspeise« findet. Am Beispiel einer neuen Software für die Produktionssteuerung soll das klarer werden.

Wir beginnen mit dem Geschäftsführer. (Wir beginnen immer mit ihm, weil er am Schluss fast immer entscheidet.) »Für Sie, Herr GF, ist es wichtig, dass die Effizienz des Unternehmens verbessert wird und Sie preiswerter als Ihre Wettbewerber produzieren können. Mit unserer Software senken Sie die Produktionskosten um ...«

Jetzt gehen wir zum Produktionsleiter: »Sie, Herr PL, haben vielleicht schon die Erfahrung gemacht, dass es bei einer Software-Umstellung zu Produktionsstörungen oder Ausfällen kommt. Sie brauchen sich keine Sorgen machen. Wir haben inzwischen über 100 Installationen vorgenommen – ohne jegliche Störung.«

Jetzt zum IT-Chef: »Für Sie, Herr IT, zählen zwei Dinge: erstens die nahtlose Integration der Software in die Gesamtarchitektur. Das können wir garantieren: Unsere Schnittstellen sind standardisiert und harmonieren mit Ihrer XY-Software. Und zweitens die Bedienbarkeit: Das ist ein weiterer Vorteil unserer Software. Sie ist so einfach zu bedienen, dass wir nicht mehr als einen Trainingstag für Ihre Mitarbeiter brauchen.«

Tipp !

Servieren Sie den Funktionsverantwortlichen stets ihre emotionale Lieblingsspeise.

Hinter jedem dieser Argumente steht ein anderer emotionaler Kernnutzen. Jeder bekommt genau das Futter, das er braucht. Ein weiterer Vorteil: Das Futter, das sie individuell servieren, schmeckt trotzdem auch den anderen und verstärkt Ihre Attraktivität. Das schauen wir uns jetzt beispielhaft aus der Sicht des Geschäftsführers an: Für sein Dominanzsystem sind die versprochene Effizienz und der Wettbewerbsvorsprung das Hauptargument, das für ihn zählt. Aber auch Herr GF hat ein Balancesystem. Und dieses freut sich darüber, dass die Produktion sicher weiterläuft. Die versprochene einfache Bedienung schmeichelt seinem Harmoniesystem: Hat er doch noch mit Grausen in Erinnerung, mit welchen Konflikten und welchem Ärger die Einführung eines Controllingprogramms verbunden war und wie sich der Zorn darüber auf der letzten Betriebsversammlung entladen hatte. Jeder Teilnehmer isst sein zubereitetes Menü in einer anderen hierarchischen Reihenfolge – wenn der Teller aber leer ist, sind alle glücklich.

! **Tipp**

Denken Sie daran: Ihre individuellen Argumentationsmenüs schmecken auch den anderen und stärken Ihre Position!

3.6 Unbewusste Dissonanzen mit dem Kunden

Wir wissen jetzt, wie wir unsere Kunden emotional ansprechen sollten, um sie für unser Anliegen zu gewinnen. Es gibt allerdings noch ein größeres Hindernis auf dem Weg zum Erfolg: Das sind wir selbst. Denn wir, unsere Persönlichkeit, unsere Körpersprache und unser Verhalten, senden besonders wichtige Signale an das limbische System unserer Kunden. Nun wissen wir aus dem Alltag, dass Gleich und Gleich sich gern Gesellschaft leisten. So ist es auch im Verkäufer-Kundenkontakt. Gegensätze rufen auf unbewusster Ebene oft starke Ablehnung hervor. Ein kleines Beispiel soll das verdeutlichen:

Herr Maier ist Versicherungsvertreter und hat die Verkäuferpersönlichkeit eines Hard-Sellers und zwar pur. Alles dreht sich um Leistung, sein Tag ist genau strukturiert, denn es gilt, die Verkaufsziele zu übertreffen und im internen Verkaufswettbewerb der Versicherung ganz vorne dabei zu sein, um die ausgelobte Sonderprämie zu erhalten. Seine Körperhaltung ist straff, seine Stimme ist klar und direkt und sein ganzes Verhalten ist selbstbewusst und zielgerichtet. Sein erstes Beratungsgespräch am Morgen führt ihn zu Frau Müller.

Frau Müller ist Klavierlehrerin, hat eine kleine Summe geerbt und möchte vielleicht eine Lebensversicherung zugunsten ihrer Tochter abschließen. Sie ist vom Typ her eine herzliche Harmonie-Sucherin, die menschliche Kontakte liebt und sich gerne lange über Gott und die Welt unterhält. Nun stellen Sie sich einmal vor, was beim Zusammentreffen zwischen Frau Müller und Herrn Maier unbewusst passiert. Genau: Das schneidige Auftreten von Herrn Maier wird vom limbischen System von Frau Müller als arrogant und gefühlskalt bewertet. Glauben Sie, dass sie bei ihm gerne einen Vertrag abschließt?

> Gegensätzliche Persönlichkeitsstrukturen sorgen oft für unbewusste Konflikte und provozieren Ablehnungsreaktionen zwischen Kunden und Verkäufern.

Nun werfen wir einen Blick in das limbische System von Herrn Maier. Frau Müller erzählt lange und ausführlich von ihrer Oma, von der sie das Geld geerbt hatte, und von den Kindheitserlebnissen mit ihr. Das Dominanzsystem von Herrn Maier, das auf Effizienz und Zielerreichung pocht, sorgt bei diesen langatmigen Schilderungen für extreme innere Spannung, verbunden mit leichtem Ärger über diesen vermeintlichen Zeitverlust. Da wir ebenso wenig wie Herr Maier unsere Mimik und Körpersignale immer im Griff haben, spürt Frau Müller die negativen Wellen, die von Herrn Maier ausgehen. Ein Abschluss kommt natürlich nicht zustande.

Ein weiteres Beispiel: Herr Graf ist ein junger Autoverkäufer, der Benzin und Technik im Blut hat. Als limbischer Typ ist er ein »Kunden-Begeisterer« mit einem ausgeprägten Stimulanzsystem. Nun betritt Herr Holzer den Verkaufsraum. Herr Holzer ist 65 Jahre alt und eindeutig der Bewahrertyp. Herr Holzer interessiert sich für ein bestimmtes Modell und Herr Graf stellt ihm dieses voller Begeisterung vor. Er sagt ihm, dass er zu den Ersten gehört, denen dieses Auto ausgeliefert wird und zeigt ihm gleich alle technischen Innovationen dieses Autos. Am Schluss wundert er sich, warum Herr Holzer sich mit den Worten verabschiedet, er müsse sich das Ganze nochmals überlegen. Herr Graf hört natürlich nichts mehr von ihm. Was war passiert? Herr Graf hatte die Merkmale des Autos betont, die sein Stimulanzsystem zum Jubeln bringen. Leider waren das genau die Signale, die im starken Balancesystem von Herrn Holzer Angst und Unsicherheit auslösten. Allein der Gedanke, als Erster dieses Auto zu fahren und möglicherweise alle Mängel erleiden zu müssen, ist für das Balancesystem von Herrn Holzer Gift.

Aus diesem Grund ist es wichtig, als Verkäufer seine eigene Persönlichkeit mit allen ihren Stärken und Schwächen zu kennen und sich selbst im Griff zu haben.

Tipp !

Denken Sie daran, dass Ihre Sicht der Dinge ebenso wie Ihre Einstellungen und Vorlieben sich oft von der Sicht und den Einstellungen Ihres Kunden unterscheidet.

Schauen wir uns nun die Verkäufer-Kundenpaarungen an, die ein größeres Konfliktpotenzial haben.

Verkäufer: Kunden-Begeisterer ↔ Kunde: Bewahrer
Diesen Konflikt haben wir in dem vorangegangenen Beispiel bereits kennen gelernt.

Verkäufer: Korrekter ↔ Kunde: Kreativer/Neugieriger
Das mögliche Problem liegt hier darin, dass der Verkäufer relativ steif und korrekt auftritt und zudem seine sicherheitsbetonten Argumente in den Vordergrund stellt. Dem Kreativen ist das alles aber zu langweilig und zu starr.

Verkäufer: Hard-Seller ↔ Kunde: Harmonie-Sucher
Auch diesen Konflikt haben wir in dem vorangegangenen Beispiel bereits kennen gelernt.

Verkäufer: Kunden-Versteher ↔ Kunde: Performer
Der Kunden-Versteher ist zwar lieb und nett, aber das sind nicht die Eigenschaften, die dem Performer gefallen. Er möchte nämlich schnell und umgehend zu einem Ergeb-

nis kommen. Unbewusst betrachtet er den »Kunden-Versteher« als »Warmduscher«. Ein weiteres Problem: In Preisverhandlungen spielt der Performer all seine Kälte und seinen Egoismus auf Kosten des Kunden-Verstehers aus!

Verkäufer: Hard-Seller ↔ Kunde: Performer
Obwohl hier eigentlich ja zwei Gleiche aufeinandertreffen, birgt diese Paarung trotzdem ein Konfliktpotenzial. Jeder der beiden möchte nämlich die Nr. 1 sein. Wenn es allerdings dem Hard-Seller gelingt, seinen Macht- und Statuswillen etwas zu zügeln, ohne dabei unterwürfig zu werden, verstehen sich die beiden glänzend.

Aus diesem Grund ist es für alle Verkäufer wichtig, ihre eigene Persönlichkeit, ihre Stärken und Schwächen zu kennen. Viele Verkaufsabschlüsse scheitern nicht am Angebot, sondern an den oben beschriebenen unbewussten Dissonanzen in der Persönlichkeit. Wenn ich mich aber als Verkäufer selber kenne, kann ich mich auf den Kunden und seine Persönlichkeit viel besser einstellen und mich entsprechend verhalten. Zwar werde ich als Hard-Seller nie zu einem Harmonie-Sucher mutieren, aber ich kann mich ein Stück in seine Richtung bewegen: Schließlich haben ja auch Hard-Seller ein Harmoniesystem im Gehirn.

! **Tipp**

Spätestens jetzt sollten Sie den kostenlosen Limbic-Selbsttest® machen, den Sie auf www.haeusel.com finden.

Wie man seine Kunden erkennt
Wir haben in den vorangegangenen Kapiteln schon einiges über die Persönlichkeitsunterschiede und ihre Auswirkungen auf unser Verhalten und das der Kunden erfahren. Natürlich wäre es im Verkaufsgespräch sehr hilfreich, seinen Kunden und seine Persönlichkeitsstruktur immer schnell einschätzen zu können. Der Wunsch jedes Verkäufers ist es, dass es ein einziges Merkmal gibt, das ihn sofort auf die richtige Spur bringt. Leider gibt es dieses Schlüsselmerkmal nicht, weil unser sichtbares Verhalten von verschiedenen Dingen beeinflusst wird. Damit diese Kundenzuordnung einigermaßen sicher gelingt, müssen wir wie ein Profiler bei der Kriminalpolizei vorgehen. Ein Profiler kombiniert verschiedenste Spuren, die ein Täter am Tatort hinterlassen hat, und erstellt daraus ein Täterprofil.

Genauso gehen wir auch vor: Wir sehen auf den ersten Blick, welches Alter und welches Geschlecht unser Kunde hat. Die Wahrscheinlichkeit, dass eine ältere Dame eine starke Harmonie-Ausprägung hat, ist ca. 20-mal größer als das Vorliegen einer starken Dominanz-Ausprägung. Wir schauen uns an, wie unser Kunde gekleidet ist. Wenn er sich sehr modisch und extravagant anzieht, werden auf dem Stimulanz-Konto Punkte addiert. Und wenn er uns zudem erzählt, dass er am liebsten so richtige Abenteuerurlaube macht, ist die Wahrscheinlichkeit groß, dass er zum Kundentyp Neugieriger/Kreativer tendiert. Und wenn uns ein anderer Kunde stolz erzählt, wie er mit seinem Porsche zum Wochenendtrip ins Luxushotel gefahren ist, dort nur die teuersten Weine getrunken und zudem sein Golf-Handicap entscheidend verbessert hat, können wir ihn getrost als Performer einordnen. Wie gesagt: Es gibt nicht ein Merkmal, das alles erklärt - auch ein Harmonie-Sucher kann mal einen Porsche fahren, auch ein Bewahrer kann mal auffällig angezogen sein –, aber wenn man eine Reihe von Merkmalen betrachtet und ein Gespür für die Tendenz entwickelt, bekommt man schnell ein gutes Bild von der Persönlichkeitsstruktur des Kunden.

Tipp !

Arbeiten Sie wie ein Profiler bei der Polizei: Achten Sie auf Details im Auftritt, im Verhalten und in der Körpersprache Ihres Kunden. Kombinieren Sie Ihre Eindrücke zu einem Profil.

4 Den Kunden verstehen: Arbeiten mit Buyer Personas

Was Sie in diesem Kapitel erwartet

Die Käufer oder Kunden eines Unternehmens sind in der Regel höchst unterschiedlich. Aber nicht alle Kunden sind von gleichem Wert und von gleicher Wichtigkeit. In der Praxis hat es sich bewährt, die Kunden oder Käufer, die man wirklich haben will, so plastisch und anfassbar wie möglich zu beschreiben. Damit wird es möglich, sein Angebot und seine Argumente genau auf diese Idealkunden, in der Fachsprache *Buyer Personas*, auszurichten. Wie das funktioniert, zeigt dieses Kapitel.

Wir haben gesehen, wie die emotionale Persönlichkeitsstruktur unserer Kunden ihre Kaufentscheidung beeinflusst. Zusätzlich wird die Persönlichkeit durch die Faktoren Alter und Geschlecht beeinflusst. Damit lässt sich das Kaufverhalten schon ganz gut erklären, aber es bleiben Erklärungslücken. Denn auf die Kaufentscheidung eines Kunden wirken noch eine ganze Reihe weiterer Einflüsse ein, um die es in diesem Kapitel geht:

- Soziokultur (In welchem gesellschaftlichen Milieu ist der Kunde zuhause?)
- Lebensphase/Lebenssituation (Lebt er allein? Lebt er in einer Familie? Ist er z. B. kurz davor, in Rente zu gehen?)
- Sozioökonomie (Welche Ausbildung hat er? Welchen Beruf übt er aus? Was verdient er?)
- Kultur (Aus welchem Kulturkreis kommt der Kunde?)
- Rolle und Funktion (Welche Aufgabe/Verantwortung hat der Kunde in einem Unternehmen?)
- Kategorie-spezifische Einstellungen und Erfahrungen (Kennt sich der Kunde in der relevanten Kaufkategorie aus? Hat er hier bestimmte Interessen und Vorlieben?)

Diese zusätzlichen Einflüsse können von großer Bedeutung sein. Um sie nicht zu vernachlässigen und gleichzeitig Verkäufer zu entlasten, arbeiten immer mehr Unternehmen mit sogenannten Buyer Personas. Die Kunden des Unternehmens werden dabei zunächst in Gruppen aufgeteilt, die sich in der Persönlichkeit und den oben beschriebenen Einflüssen (die für den Kauf relevant sind) ähneln. Diese Gruppenbeschreibung wird dann in einen leicht zu identifizierenden Persönlichkeitstyp übersetzt. Diese vom Unternehmen formulierten Buyer Personas synchronisieren die Aktivitäten des ganzen Unternehmens von der Produkt- oder Service-Entwicklung über das Marketing bis hin zum Vertrieb. In der Produktentwicklung fragt man, welche Bedürfnisse diese Buyer Personas haben, und entwickelt Produkte und Services dafür. Im Marketing sucht man die Kommunikationswege zu diesen Buyer Personas und gestaltet Kommunikations- und Werbemittel, die die Buyer Personas ins Herz treffen. Im Vertrieb werden die Verkäufer auf diese Buyer Personas geschult und lernen Argumente und Vorgehensweisen, wie man diese Buyer Personas für sich und sein Produkt gewinnt.

Wie Buyer Personas im Einzelnen entwickelt werden, erfahren Sie im Folgenden anhand eines Praxisbeispiels aus dem Consumerbereich (Kapitel 4.1) sowie aus dem B2B-Bereich (Kapitel 4.2).

4.1 Praxisbeispiel 1: Mobilfunkanbieter (B2C-Bereich)

Im Rahmen eines strategischen Projekts »Kundenorientierung« wurde den Marketing- und Vertriebsverantwortlichen eines Mobilfunkanbieters schnell klar, dass sich die Bedürfnisse ihrer Kunden im Consumerbereich (B2C) erheblich unterschieden. Dies galt sowohl in Bezug auf die Handys, aber auch in puncto Vertragsgestaltung und Service/Beratung. Während ältere Kunden ihre Verträge überwiegend in den stationären Verkaufsstellen abschlossen, waren jüngere Kunden längst digital unterwegs. Eine Kundenanalyse zeigte auch, dass alle Altersgruppen, Einkommensgruppen und Bildungsniveaus unter den Kunden vertreten waren. In puncto Geschlecht gab es ebenfalls keine Unterschiede. Die Kundenanalyse machte zudem klar, dass der Mobilfunkanbieter im Vergleich zu den Wettbewerbern deutlich mehr jüngere Kunden an sich binden konnte. Die Gründe dafür waren vielfältig: frechere Kommunikation, andere Vertragsleistungen usw.

Die Aufgabe war nun, ein Persona-Konzept zu entwickeln. Im Vorfeld wurden umfangreiche Datenanalysen durchgeführt, die zeigten, dass Alter und Lebensphase den Umgang mit Mobilfunk am meisten prägten. Zudem zeigte sich, dass Geschlechtsunterschiede vor allem in den jüngeren Altersgruppen von Bedeutung waren. Man kann sich leicht vorstellen, dass innerhalb der Persona-Projektgruppe heftig diskutiert wurde, wie viele Personas man bräuchte und auf welcher Grundlogik das ganze Persona-Konzept aufzubauen wäre. Zudem müsste das Persona-Konzept immer im Einklang mit den umfangreichen statistischen Kundendaten des Konzerns stehen. Die Vorgaben waren klar: so wenige Personas wie möglich, aber so viele wie nötig.

4.1.1 Schritt 1: Festlegung des Handlungsraums

Wie die Datenanalysen gezeigt hatten, waren Alter und Lebensphase die wichtigsten Treiber und Einflussfaktoren bei der Mobilfunknutzung. Damit war zunächst die Basis gegeben. Denn das Lebensphasen-Modell erklärt die Veränderung der Bedürfnisse mit den sich wechselnden Lebensveränderungen. Es erklärt aber nicht die für Persona-Konzepte so wichtige Dimension der Persönlichkeit. Hier kam der Limbic-Ansatz ins Spiel. Wir haben oben gesehen, wie sich die menschliche Persönlichkeit mit dem

Alter verändert. Die Ursache dafür ist die Veränderung der Emotionssysteme im Altersverlauf. Wie koppelt man nun aber die Lebensphasen mit diesem Wissen? Ganz einfach: Man legt den emotionalen Altersverlauf über die Lebensphasen. Das sieht dann so aus:

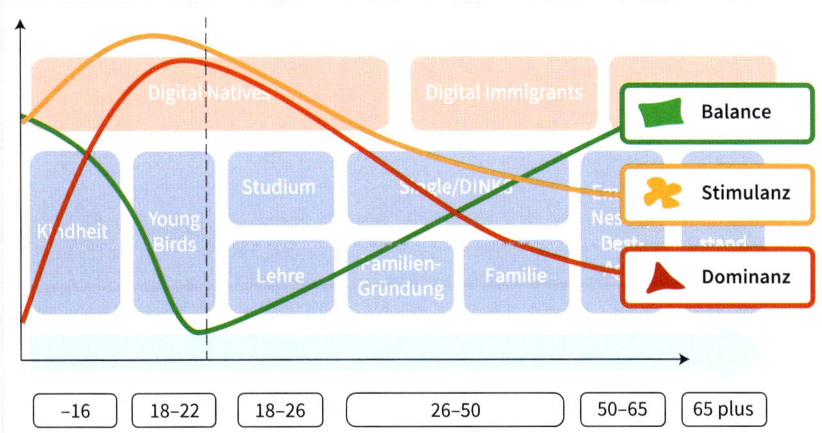

Abb. 20: Lebensphasen und neuropsychologischer Altersverlauf

4.1.2 Schritt 2: Segmentierung und Namensgebung

Nachdem der Handlungsrahmen feststand, stellte sich die nächste Frage: In wie viele Segmente und damit auch Personas teilen wir den Handlungsraum? Entlang des Altersverlaufs und der Lebensphasen wurden deshalb sechs Gruppen definiert.

Diese sechs Gruppen wurden mit Kurzbeschreibungen versehen. Die Beschreibungen zeigen schon auf den ersten Blick auf, wo der emotionale Schwerpunkt der Gruppe und damit der jeweiligen Buyer Persona liegt. Die Kurzbeschreibungen sind untrennbar mit einer wirkungsvollen Persona-Entwicklung verknüpft. Sie sind daher von besonderer Bedeutung, weil sie auf den ersten Blick zeigen sollen, um was es geht. Hier die sechs Segmente und ihre Beschreibung:

- »Die spontanen Spaß-Sucher«
- »Die optimistischen Starter«
- »Die modernen Familienmanager«
- »Die gelassenen Etablierten«
- »Die aktiven Senioren«
- »Die vorsichtigen Traditionalisten«

Abbildung 21 zeigt, wie sich die Persona-Segmente im Lebensphasen- und Altersverlauf verteilen:

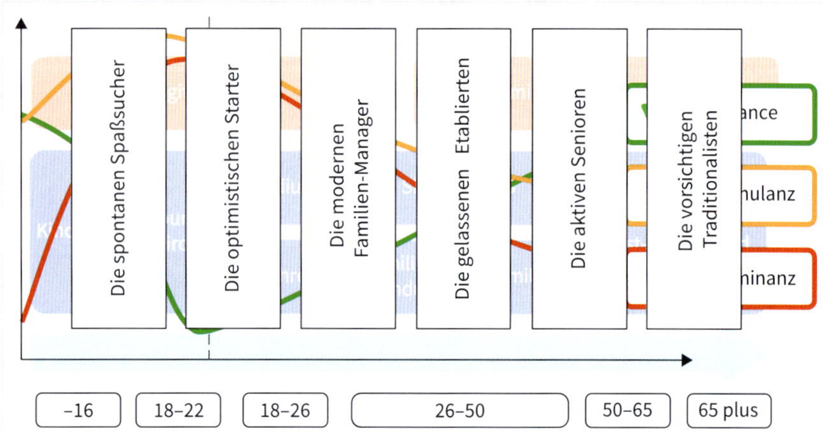

Abb. 21: Die Persona-Segmente im Alters- und Lebensphasenverlauf

4.1.3 Schritt 3: Persona-Formulierung

Nachdem die Segmente inklusive der Kurzbeschreibung festgelegt worden waren, folgte nun der letzte und wichtigste Schritt: die eigentliche Persona-Formulierung. Diese Detaillierung wird hier am Beispiel des Segments »Die optimistischen Starter« dargestellt (alle anderen Segmente wurden in gleicher Systematik detailliert).

Betrachten wir also das Segment »Die optimistischen Starter« genauer. Wie die Datenanalyse gezeigt hat, gibt es durch Lebensphase und Alter viele Gemeinsamkeiten in dieser Gruppe. Es gibt aber auch einen wichtigen Unterschied im Digital- und Mobilfunkverhalten, nämlich das Geschlecht. Es macht daher Sinn, das Segment weiter in zwei Subsegmente zu unterteilen: männlich/weiblich. Da Personen Namen haben, empfiehlt es sich, auch Personas mit einem Namen zu versehen. Die Namensgebung erfolgt nicht zufällig. Die Abbildung 21 zeigt, wo der Altersschwerpunkt dieser Gruppe liegt: zwischen 25 und 35 Jahren. Aus diesem Grund wurden Namen gewählt, die in dieser Altersgruppe häufig vorkommen: Jan und Carla. Nun wurden die Personas detailliert dargestellt. Diese Detaillierung wird nachfolgend am Beispiel von Jan gezeigt.

Kurzcharakteristik von Jan, dem »optimistischen Starter«
Jan ist Technik-Freak. Gleich, ob Mountainbike, Auto oder Handy, er ist immer auf dem neuesten Stand. Jan lebt mit seiner Freundin zusammen. Er ist gerne mit seinen Kumpels unterwegs.

Persönlichkeit von Jan, dem »optimistischen Starter«
Der Persönlichkeitsschwerpunkt von Jan liegt im Stimulanz-Bereich. Er ist also im Grundtyp ein Neugieriger/Kreativer. Welche Werthaltungen hat er?

- *Neugier, Spaß, Risikofreude, Mut, Impulsivität, Ehrgeiz, Sex, Karriere, Status, Extravertiertheit*

Werte, die für Jan keine größere Bedeutung haben, sozusagen Anti-Werte, sind:

- *Familie, Heimat, Fürsorge, Sparsamkeit*

Beruf und Ausbildung von Jan, dem »optimistischen Starter«

Da der Mobilfunkanbieter breit aufgestellt ist, wurde Jan in der gesellschaftlichen Mitte positioniert. Jan hat die mittlere Reife und eine abgeschlossene Berufsausbildung. Er kann Polizist, Verwaltungsbeamter oder auch Handwerker sein. Typisch für Jan ist, dass er weder Rechtsanwalt noch Hilfsarbeiter ist! Damit ist automatisch auch ein Einkommenskorridor verbunden: Er liegt zwischen 35.000 EUR und 45.000 EUR im Jahr.

Kategoriespezifisches Verhalten von Jan, dem »optimistischen Starter«

Diese Kategorie ist für den Mobilfunkanbieter wichtig und wird deswegen detaillierter ausgeführt. Jan ist ein Trendsetter bzw. Early Adopter im Hinblick auf die digitale Welt. Seine Wohnung ist komplett vernetzt. Er hat stets die neuesten Devices und eine Flatrate mit hohem Datenvolumen.

4.1.4 Schritt 4: Einführung im Unternehmen

Nachdem in der Projektgruppe, bestehend aus Mitarbeitern von Marketing, Vertrieb und Produktmanagement, die Personas formuliert wurden, war es anschließend das Ziel, das Persona-Konzept im Unternehmen bekanntzumachen. Diese Einführung erfolgte in zwei Stufen.

Die erste Stufe bestand aus mehreren Informationsveranstaltungen, um vielen Mitarbeitern die Gelegenheit zu geben, daran teilzunehmen. Nach einer Einführung durch die Geschäftsführung wurde zunächst die Idee von Personas erläutert und anschließend wurden in einem kurzen Vortrag die einzelnen Personas kurz vorgestellt. Um die Personas schon hier unterhaltsam zum Leben zu erwecken, spielten Schauspieler jede Persona in einem kurzen, witzigen »Slice of Life« vor. Danach wurden Fragen zur Umsetzung usw. beantwortet.

Die zweite Stufe bestand aus Persona-Workshops. Die Workshop-Gruppen wurden fachspezifisch gebildet (Marketing, Vertrieb, Produktmanagement, Filialen, Personal). Zunächst wurden die Personas im Detail vorgestellt und Fragen beantwortet. Danach erfolgte die erste Gruppenarbeit, in der Life-Style-Moods für die einzelnen Personas gestaltet wurden. Auf mehreren Tischen waren große Stapel mit verschiedenen Zeitschriften vorbereitet, ebenso standen Laptops mit Farbdruckern zur Verfügung. Durch die hohe Interaktion dieser Gruppenarbeit lernten die Teilnehmer und Teilnehmerinnen spielerisch ihre Personas kennen. In einer weiteren Gruppenarbeit erarbeiteten die Teilnehmer mögliche Konsequenzen und Veränderungen für ihre konkrete Abteilung aufgrund der Einführung von Personas.

Die gesamten Workshop-Ergebnisse wurden von der Projektgruppe geordnet und redaktionell überarbeitet. Aus den Ergebnissen wurde eine ausführliche Persona-Dokumentation erstellt, die im Firmennetzwerk für alle zugänglich war. Diese Dokumentation wird regelmäßig überprüft und aktualisiert. Sie dient als Nachschlagewerk. Damit die Personas aber allen Teilnehmern in der täglichen Arbeit immer vor Augen sind, wurden die Personas in sogenannten Sedcards und Plakaten dargestellt.

4.2 Praxisbeispiel 2: Pharmahersteller (B2B-Bereich)

Ein großer internationaler Pharmakonzern suchte nach einer Möglichkeit, seine ca. 10.000 Kunden (niedergelassene Internisten/Kardiologen) in Deutschland zu segmentieren. Die Praxis zeigte nämlich, dass sich die Ärzte erheblich in ihrem für den Pharmahersteller relevanten Verhalten unterschieden. Dazu gehörten:

- das Verschreibungsverhalten
- die Praxisgröße und damit auch der Umsatz
- Kongress- und Fortbildungsbesuche
- Bereitschaft zur Studienteilnahme
- Offenheit für Besuch der Pharmaberater usw.

Ziel war es nun, eine Segmentierung zu finden, die für das Marketing und den Vertrieb gleichermaßen relevant und praktikabel ist. Idealerweise sollte sich die Segmentierung in einem Persona-Konzept verdichten.

Die vorliegenden Kundendaten (Hardfacts) waren bereits sehr detailliert und beinhalteten den Umsatzverlauf in den relevanten Medikamenten, Praxisgröße, Alter des Arztes/der Ärztin, Geschlecht, Besuchsprotokolle usw.

4.2.1 Schritt 1: Persönlichkeitstest Ärzte

Aber: Für eine Vertriebsstatistik war das genug, für ein Persona-Konzept war es zu wenig, weil eine entscheidende Variable fehlte: die Persönlichkeitsstruktur des Kunden. Auf vielen Vertriebstagungen machte der Außendienst deutlich, dass die Hardfacts sehr stark von der Persönlichkeit des Arztes/der Ärztin abhingen. Aber wie sollte man die Persönlichkeitsstruktur herausfinden?

Zunächst kam die Idee auf, den Außendienst damit zu beauftragen, seine Persönlichkeitseinschätzung in das CRM-System (Customer-Relationship-Management-System) einzutragen. Der Gedanke wurde aber aus Qualitäts- und Validitätsgründen schnell wieder verworfen. Der Leiter der Marktforschung hatte eine Idee. Er beschäftigte sich schon länger mit Limbic und schlug vor, die Ärzte einfach zu testen. Ein klassischer Limbic-Persönlichkeitstest kam nicht in Frage – den würden die Ärzte nicht ausfüllen. Wenn es aber gelänge, die emotionalen Grundgesetze von Limbic in einen Fragebogen mit berufsspezifischem Verhalten zu übersetzen, sähe die Sache schon anders aus.

Was ist damit gemeint? Im Persönlichkeitstest lautet ein Statement: »Ich bin ein Perfektionist.« Berufsspezifisch umgesetzt lautet die Frage dann folgendermaßen: »Ich achte darauf, dass meine Praxis technisch immer auf dem besten Stand ist.« Das ist zwar sprachlich nicht ganz das Gleiche, aber das zugrundeliegende Emotionssystem für beide Fragen ist das Dominanzsystem. Auf diese Weise wurde ein kurzer Fragebogen mit 20 Items konstruiert. In Vortests wurden zunächst 50 Items auf ihre Signifikanz getestet. 20 Items, die den Limbic-Emotionsraum gut abdeckten, wurden schließlich ausgewählt.

Dieser Fragebogen wurde an die 10.000 Kunden ausgegeben, die Beantwortung war mit einem Incentive verbunden. Das Ergebnis: 2.000 ausgefüllte Fragebögen kamen zurück und konnten ausgewertet werden.

4.2.2 Schritt 2: Clusteranalyse zur Persona-Segmentierung

Mit den gesamten Daten des CRM-Systems und dem Ergebnis des Persönlichkeitstests wurde eine Clusteranalyse durchgeführt. Das Ergebnis: Mit vier Clustern konnte eine hohe emotionale Differenzierung und gleichzeitig eine hohe medizinische Verhaltensdifferenzierung beschrieben werden. Das Verblüffende daran war, dass die vier Cluster relativ genau den Limbic-Hauptdimensionen Balance, Harmonie, Dominanz und Stimulanz entsprachen. Durch die hohe Korrelation zwischen Arztpersönlichkeit und medizinischem Verhalten war klar, dass diese vier Cluster auch die gesuchten Ärzte-Personas waren. Diese vier Ärzte-Personas waren:

- Der/die Empathische
- Der/die Innovator(in)
- Der/die Fokussierte
- Der/die Konservative

4.2.3 Schritt 3: Qualitative Interviews zur Vertiefung

Von diesen Ärzte-Personas waren nun Persönlichkeit und quantifizierbares medizinisches Verhalten vorhanden, aber das weichere, qualitative Verständnis fehlte noch. Um einen tieferen Einblick in die Denk- und Fühlwelt dieser Personas zu bekommen, wurden mit je zehn Ärzten und Ärztinnen der jeweiligen Persona-Gruppe längere explorative Einzelinterviews durchgeführt. Inhalte dieser Interviews waren z. B. der Grund für die Berufswahl, Motivatoren/Demotivatoren bei der jetzigen Tätigkeit, medizinisches Leitbild, Praxisführung und Organisation, Informationsverhalten wie z. B. Teilnahme an Kongressen, Einstellung und Umgang mit innovativen Medikamenten, Erwartungen an Außendienst und Services des Pharmaherstellers.

4.2.4 Schritt 4: Detaillierung der Personas

Die Erkenntnisse dieser Interviews rundeten das Bild ab und machten die Ärzte-Personas plastischer. Schauen wir uns die vier Ärzte-Personas kurz an:

- **Der/die Empathische**
  Die Ärztinnen/Ärzte, die zu dieser Persona-Gruppe gehören, haben ein ganzheitliches Medizinverständnis: Eine Krankheit ist für sie nicht nur das konkrete Krankheitssymptom, sondern auch die beeinträchtigte Lebensqualität des Patienten. Dementsprechend sind sie auch aufgeschlossen für psychosomatische und homöopathische Aspekte bei der Behandlung. Sie nehmen sich viel Zeit für das Gespräch mit dem Patienten. Bei der Verschreibung von Medikamenten sind sie zurückhaltend. Die technische Ausstattung der Praxis genügt den Anforderungen. Kongresse etc. besuchen sie gerne – neben dem Kongressprogramm ist für sie aber das Treffen mit gleichgesinnten Kollegen und Kolleginnen von großer Bedeutung. Zum Pharma-Außendienst pflegen sie ein nettes Verhältnis; wenn es zeitlich passt, ist ein Termin kein Problem.
- **Der/die Fokussierte**
  Das genaue Gegenteil von den Empathischen sind die Fokussierten. Ihr Motto: Zeit ist Geld. Ihr Medizinverständnis ist technokratisch-naturalistisch. Krankheiten haben kausale physiologische Ursachen und werden auch kausal-medizinisch behandelt. Psychosomatik und Homöopathie lehnen sie als »nicht wissenschaftlich« ab. Patienten werden als »Fälle« gesehen, die möglichst effizient und mit allen zur Verfügung stehenden Mitteln behandelt werden. Das Selbstbewusstsein dieser Gruppe ist hoch; der Arztberuf wurde auch aus Statusgründen gewählt. Die Praxis ist technisch und digital auf dem neuesten Stand; die gesamte Praxisorganisation und ihre Abläufe sind auf Effizienz ausgerichtet. Sozialer Status und Einkommen haben eine hohe Wichtigkeit. Die Fokussierten sind wissenschaftlich auf neuestem Stand – sie lesen auch englischsprachige Fachzeitschriften. Kongresse werden nur besucht, wenn es zeitgünstig Fortbildungspunkte gibt und wenn wirklich neuer Inhalt geboten wird. Das soziale Rahmenprogramm meiden sie eher. Sie verschreiben viel und häufig und wechseln Medikamente auch, wenn eine deutliche Wirkungsverbesserung durch Innovation nachweisbar ist. Den pharmazeutischen Außendienst betrachten sie als Störung und Zeitfresser. Einen Termin gibt es nur, wenn eine wirkliche Innovation besprochen wird.

- **Der/die Konservative**
  Diese Gruppe betreibt Medizin nach alter Schule. Das Verhältnis zum Patienten ist sachlich und stärker auf den medizinischen Fall und weniger auf den Menschen bezogen. Das Arztbild ist von ethischer Werthaltung geprägt: Die Gesundheit und die gute Behandlung des Patienten stehen im Vordergrund und nicht das erzielbare Einkommen. Die Behandlungsstrategie ist konservativ: Medikamente etc. werden nur eingesetzt, wenn es unbedingt sein muss. Viele Krankheiten, so das Verständnis dieser Gruppe, heilen auch auf natürlichem Wege. Neuen Medikamenten steht diese Gruppe skeptisch gegenüber. Die technische Ausstattung der Praxis erfüllt die Anforderungen, mehr nicht. Viele Ärztinnen und Ärzte dieser Gruppe bewegen sich im humanistischen Bildungskanon. Das Verhältnis zum Pharma-Außendienst ist gut - aber allen seinen Aussagen wird mit tiefem Misstrauen begegnet. Kongresse sind eher Pflichtprogramm; Kongressorte mit kulturellem Anspruch werden geschätzt.
- **Der/die Innovative**
  Diese Gruppe betrachtet sich selbst als »Sherlock Holmes der Medizin«. Untersuchungen und Diagnosen sind für sie spannende Denkaufgaben. Das Finden seltener Krankheiten erfüllt sie mit dem Glücksgefühl des Entdeckers. Sie sind die Ersten, die neue Technik und neue Medikamente ausprobieren. Allerdings sind sie auch die Ersten, die wieder abspringen. Sie lieben ihren Beruf nicht nur wegen der medizinischen Abwechslung, sondern auch wegen neuen, interessanten Menschen, die man als Patienten kennenlernt. Die Praxis betrachten sie auch als Geschäft. Sie haben kein Problem damit, moderne Methoden des Marketings und der Werbung einzusetzen. Zum Außendienst der Pharmahersteller haben sie einen guten, im Stil locker-lässigen Kontakt. Eine besondere Freude haben sie daran, an (bezahlten) Studien der Pharmahersteller teilzunehmen. Moralische Bedenken bei Geschenken der Pharmahersteller plagen sie nicht. Sie gehen gerne und viel auf Kongresse.

4.2.5 Schritt 5: Die Übertragung auf den gesamten Kundenbestand

Der Pharmahersteller konnte von den 2.000 Rücksendungen ca. 1.800 einer Persona zuweisen. Durch die Tiefeninterviews wusste man viel besser, wie die Personas ticken. Aber eine Frage blieb: Was geschieht mit den 8.000 Kunden, die keinen Fragebogen ausgefüllt hatten? Die Lösung lag in der Statistik: Da man wusste, dass das medizinische Verhalten der Ärzte sehr stark von ihrer Persönlichkeit geprägt wird und man ja die Cluster-Information von den 2.000 gemessenen Ärzten hatte, wurden die 8.000 verbliebenen Ärzte aufgrund ihres medizinischen Verhaltens den vier Persona-Gruppen zugeordnet.

4.2.6 Schritt 6: Umsetzung in Vertrieb und Marketing

Das gesamte Projekt wurde von Anfang an von einer Arbeitsgruppe begleitet, die sich aus der Marktforschung, dem Marketing und dem Vertrieb zusammensetzte. Mit dieser Gruppe wurden auch die gesamte Implementierung und Umsetzung entwickelt. Diese beinhalteten die Ausbildung des Marketings und des Vertriebs. Mit dem Marketing wurden z. B. Prospekte und Fachanzeigen für bestimmte Personas/Medikamente entwickelt. Der Vertrieb wurde in Argumentation und Kommunikation geschult. Bei Einführungen von Innovationen in den Markt wurden im ersten Schritt die Empathischen und Bewahrer gar nicht angesprochen – die ganze Vertriebskraft wurde dagegen auf die Innovativen und Fokussierten konzentriert. Der gesamte Veranstaltungskalender wurde neu justiert: Es wurden spezielle Veranstaltungen z. B. nur für die Fokussierten entwickelt. Dieses Denken und Handeln in Personas bestimmt wesentlich die neuen Strategien von Marketing und Vertriebsarbeit.

! **Tipp**

Wenn Sie mehr Interesse daran haben, wie man Buyer Personas entwickelt und in Vertrieb und Marketing einsetzt, empfehle ich das Buch von Harald Henzler und mir »Buyer Personas – Wie man seine Zielgruppen erkennt und begeistert«.

5 Interesse wecken: So bekommen Sie einen Termin beim Chef

Was Sie in diesem Kapitel erwartet

In den ersten drei Kapiteln haben wir wichtige Grundlagen für die Verkaufstätigkeit gelegt, jetzt beginnt die eigentliche Verkaufsarbeit. Im B2B-Bereich, um den es in diesem Kapitel vor allem geht, beginnt der Verkauf häufig mit der Kaltakquise am Telefon. Es geht darum, beim potenziellen Kunden einen Gesprächstermin zu bekommen. Mit welchen Tricks und welcher Argumentation die Neugierde des Kunden geweckt und damit seine Bereitschaft zur Terminvergabe gesteigert werden kann, erfahren Sie in diesem Kapitel.

Der erste Schritt im B2B-Verkauf besteht zumeist darin, beim potenziellen neuen Kunden einen Termin zu bekommen. Das Problem dabei ist: Wir sind mit unserem Angebot nicht allein und unser Ansprechpartner hat wenig Zeit. Viele Kunden betrachten deshalb solche Verkaufsgespräche als Störung. Weil in dieser Situation das Bestrafungssystem im Kundengehirn Regie führt, wird der Kunde versuchen, sich uns vom Leib zu halten. Wie bekommt man also einen Termin?

5.1 Durch den Hintereingang ins Kundengehirn

In vielen Verkaufsratgebern beginnt der Weg zum potenziellen Kunden mit dem Anruf in seinem Sekretariat. Das ist zwar nicht falsch, aber clevere Verkäufer fangen viel früher an, indem Sie im Kundengehirn bereits einen Platz besetzen und von dort aus die Tür zum Kunden öffnen.

Weil das Balancesystem meist das stärkste Emotionssystem im Gehirn unserer Kunden ist, müssen wir zunächst dieses knacken. Es gehört zu den wichtigsten Aufgaben dieses Systems, Unbekanntes zu vermeiden. Und bei neuen Kunden sind wir als Verkäufer zunächst Unbekannte. Wir müssen also einen Weg finden, diese Sperre zu überwinden. Wie dieser Weg aussieht, zeigt ein klassischer Versuch aus der Psychologie. Versuchspersonen wurden chinesische Schriftzeichen präsentiert. Für die Teilnehmer waren diese Zeichen völlig unverständlich, sie waren des Chinesischen nicht mächtig. Die Präsentation dieser Zeichen erfolgte am Bildschirm. Was die Teilnehmer nicht wussten: In den Pausen zwischen der Präsentation der einzelnen Zeichen passierte etwas, das sie bewusst nicht wahrnehmen konnten. In extrem kurzer Einblendungszeit, unterhalb ihrer Wahrnehmungsschwelle, wurde immer wieder eines dieser chinesischen Zeichen eingeblendet. Die Teilnehmer bemerkten nichts von dieser Präsentation – ihr Gehirn allerdings schon. Am Ende des Versuchs sollten die Teilnehmer ein Zeichen auswählen, das ihnen besonders sympathisch war. Das Ergebnis: Mit großer Mehrheit wählten die Teilnehmer das Zeichen, das häufiger eingeblendet und nur unbewusst von ihnen wahrgenommen wurde.

Wenn Sie im Gehirn Ihres potenziellen Kunden schon einen solchen Anker gesetzt haben, verbessert sich Ihre Chance, einen Termin zu bekommen, erheblich.

! **Tipp**

Machen Sie sich einen langfristigen Plan, welche Kunden Sie im Laufe des Jahres akquirieren wollen, und versuchen Sie, im Gehirn des Kunden schon vor dem Erstgespräch einen Platz zu besetzen.

Wie gehen Sie dabei vor? Schicken Sie zum Beispiel dem (potenziellen) Kunden den Newsletter Ihres Unternehmens von Ihrer eigenen E-Mail-Adresse und fragen Sie ihn, ob er diesen Newsletter auch in Zukunft erhalten möchte. Wenn ein Newsletter die Kontaktanbahnung erleichtern soll, muss er aber für den potenziellen Kunden einen Nutzen haben. Sonst wird er ablehnen, diesen Newsletter weiter zu beziehen. Ein guter Newsletter verzichtet auf platte Werbung, die nur sagt, warum das eigene Unternehmen das Beste ist. Er enthält dagegen Tipps und Informationen, die dem Adressaten einen direkten Nutzen verschaffen. Wenn der Newsletter zudem kurz und unterhaltsam ist, haben Sie eine fantastische Kontaktbrücke zum anvisierten Kunden geschaffen. Einer der besten Newsletter, den ich kenne, kommt von der Asien-Expertin Dr. Seelmann: Er ist kurz, er ist unterhaltsam und hat immer einen konkreten Nutzen. Sie finden ihn auf www.seelmann-consultants.de. Wenn das Unternehmen keinen Newsletter herausgibt, können Sie eine eigene Kontaktbrücke bauen, indem Sie Tipps oder Geschichten aus der Branche per E-Mail versenden, persönlich zu Messen einladen usw. Gute Verkäufer denken zudem langfristig. Häufig hat der Kunde im Moment keinen aktuellen Bedarf und der Wunsch nach einem Termin stößt deshalb auf taube Ohren. Aber Kundenbedürfnisse ändern sich und dann sind diejenigen im Vorteil, die im Unbewussten des Kunden schon ihre Saat ausgestreut haben.

! **Tipp**

Mit kleinen nützlichen Informationen platzieren Sie Ihren eigenen Virus im Gehirn des Kunden.

5.2 Wie Sie das Vorzimmer erobern

Nachdem die Saat ausgestreut ist, geht es darum, beim Zielkunden anzurufen: Es folgt die berühmte Kaltakquise, um einen Gesprächstermin zu bekommen. Doch um einen Termin zu vereinbaren, ist es zunächst notwendig, zum Zielkunden durchgestellt zu werden. Und diesen Zugang bewacht oft seine Sekretärin. Eine Sekretärin lebt immer in einem Spannungsverhältnis: Wenn sie einen Anruf durchstellt, der ihrer Chefin oder ihrem Chef nur Zeit stiehlt, könnte sie Ärger bekommen. Wenn sie dagegen einen Anruf abblockt, geschieht viel weniger: Der Chef weiß ja nichts davon. Aus diesem einfachen Grund ist für Kaltanrufer ein »Nein« wahrscheinlicher als ein »Ja«. Diese Hürde gilt es also zu überspringen.

Wir kennen bereits den Namen der Sekretärin

Bevor wir im Sekretariat des Kunden anrufen, wissen wir schon, wie die Sekretärin des Kunden heißt. Das erfahren wir in der Regel in der Telefonzentrale des Kunden, denn diese Information wird meist umstandslos mitgeteilt. Unser Anruf im Sekretariat beginnt also mit den Worten »Guten Tag, Frau Sommer ...« Mit dem eigenen Namen angesprochen zu werden sorgt zum einen für Vertrautheit, zum anderen ist es ein Signal, dass man vom Anrufer ernst genommen wird. Wenn der Name der Sekretärin komplizierter ist, scheuen Sie sich nicht, ihn von der Telefonzentrale buchstabieren zu lassen. Selbstverständlich sollten Sie den Namen der Sekretärin im weiteren Gespräch häufiger wiederholen.

Tipp !

Wenn Sie im Sekretariat eines neuen Kunden anrufen, sollten Sie den Namen der Sekretärin bereits kennen und sie persönlich ansprechen.

Wir vermeiden steife Begrüßungsformeln

Scheuen Sie sich nicht, anstatt des in vielen Regionen steif klingenden »Guten Tag« die regionalen Grußformeln »Grüß Gott«, »Moin« etc. zu nutzen. Diese regional-vertrauten Ansprachen schaffen nicht nur Vertrauen. Denn durch das steife »Guten Tag« schaltet das Gehirn der Sekretärin auf »formalen Ablauf«. Das Gespräch wird kühl, sachlich und formal – keine gute Voraussetzung, um durch die Tür zu kommen. Wenn wir aber in leichter Mundart (Betonung liegt auf »leicht«) oder in der Umgangssprache sprechen, wird der »Vertrautheitsmodus« im Gehirn aktiviert. Breite Mundart wirkt dagegen eher kontraproduktiv, weil sie mit niedrigem Status bzw. geringer Kompetenz assoziiert wird.

Tipp !

Nutzen Sie im Gespräch mit der Sekretärin leichten Dialekt. Das schafft Vertrauen.

Wir nutzen den Autoritätsmechanismus

Im nächsten Schritt geht es darum, sich selbst vorzustellen. Selbstverständlich stellen wir uns mit Vor- und Nachnamen vor: »Grüß Gott, Frau Sommer, hier spricht Karl Kraus.« Denn die Nennung des Vornamens baut Nähe und Vertrautheit auf.

Um zum Vorgesetzten der Sekretärin durchgestellt zu werden, muss man wichtig sein! Wichtigkeit hängt davon ab, ob das Thema relevant ist. Dies kann von der Sekretärin häufig nicht richtig eingeschätzt werden. Viel wichtiger ist dagegen ein anderer, unbewusster Aspekt: nämlich der Status des Anrufers. Im Gehirn des Menschen gibt es einen sogenannten Autoritätsmechanismus, der uns unbewusst anleitet, den Anweisungen, Anordnungen eines ranghohen Menschen zu folgen. Damit unser Wunsch »bitte durchstellen« besser funktioniert, müssen wir also zunächst unseren Status etwas aufpolieren, jedoch ohne dabei arrogant zu wirken. Dazu gibt es zwei Möglichkeiten. Die erste: Wenn Sie das Glück haben, für eine große und bedeutende Firma zu sprechen, können Sie dieses Image als Schuhlöffel nutzen. Die zweite: Ihr beruflicher Status. Welcher der beiden Verkäufer hat eine größere Chance, durchgestellt zu werden?

Verkäufer 1: »Hallo Frau Sommer, hier spricht Karl Kraus von der Firma Kramer.« (Die Firma Kramer ist völlig unbekannt.)

Verkäufer 2: »Hallo Frau Sommer, hier spricht Karl Kraus. Ich bin der für Herrn Müller [der Chef der Sekretärin] zuständige Vertriebsdirektor bei der Siemens AG.«

! **Tipp**

Versuchen Sie, im Gespräch mit der Sekretärin Ihren Status bzw. Titel zu betonen und dabei verbindlich und nett zu sein!

Suggerieren Sie, dass Ihr Ansprechpartner Sie schon kennt

In der Regel werden Sie in diesem Abschnitt des Telefongesprächs gefragt, was Sie wollen. Das ist relativ einfach: Sie wollen Herrn Müller, den technischen Leiter, sprechen. Wie äußern Sie Ihren Wunsch? Eine erfolgversprechende Strategie ist es, der Sekretärin zu suggerieren, dass Herr Müller Sie bereits kennt, damit Sie durchgestellt werden. Der Trainer Tim Taxis empfiehlt diese Formulierung: »Ist der Wolfgang Müller schon im Haus?« Für mittelständische Unternehmen mit lockeren Umgangsformen ist das ein guter Türöffner.

! **Tipp**

Tun Sie im Gespräch mit der Sekretärin so, als ob Ihr Ansprechpartner Sie bereits kennt.

Fragen Sie »ranghoch«, um durchgestellt zu werden

Entscheidend ist, wie man fragt, um durchgestellt zu werden. Fragen Sie nicht »Kann ich Herrn Müller sprechen?« So fragen »rangniedere« und »unwichtige« Menschen. Außerdem ist ein »Nein, das geht leider nicht.« schnell und einfach ausgesprochen.

Ranghöhere und wichtige Menschen sagen: »Ist Herr Müller schon im Haus? Ich würde gerne kurz mit ihm sprechen.« Hier muss sich Frau Sommer, die Sekretärin, unbewusst einem Befehl widersetzen, also eine Hürde in ihrem Gehirn überwinden. Diese Aufforderung können Sie noch verstärken, wenn Sie zugleich die zugehörige Aktion einfordern. »Wären Sie so lieb und würden mich durchstellen.« Je klarer und eindeutiger Sie Ihren Wunsch äußern (während Sie zugleich in der Stimmlage zugewandt und freundlich bleiben), desto geringer ist die Wahrscheinlichkeit, dass Sie von der Sekretärin das oft gefürchtete »Worum geht's denn?« hören.

Tipp !

Äußern Sie bestimmt, aber freundlich Ihren Wunsch, durchgestellt zu werden.

Binden Sie die Sekretärin ein

Manchmal können Verkäufer ihre Macho-Allüren nicht im Zaum halten. Dann antworten Sie auf die Frage der Sekretärin »Worum geht's denn?« mit dem forschen Satz »Das möchte ich gerne mit Herrn Müller direkt besprechen«. Solche selbstbewussten Antworten mögen im letzten Jahrhundert noch erfolgreich gewesen sein, als viele Sekretärinnen noch reine Schreibkräfte waren. Heute sieht die Welt völlig anders aus: Die meisten Sekretärinnen sind Büro-Mangerinnen und Assistentinnen mit anspruchsvollen Aufgaben und einem entsprechenden Selbstwertgefühl. Die einzige Chance, die Sie dann haben, besteht darin, die Sekretärin einzubinden und sie zu Ihrer Vertrauten zu machen. Das geht nur, wenn Sie sie ernst nehmen, indem Sie den Zweck Ihres Anrufes schildern: »Ich weiß, dass Herr Müller als technischer Leiter Ihres Unternehmens seit einigen Monaten größere Probleme mit dem internen Datentransfer seiner Produktionssteuerungssoftware hat. Unser Haus hat genau dafür eine einfache Lösung entwickelt, die Herrn Müller gefallen wird. Darüber möchte ich ganz kurz mit ihm sprechen.«

Die Sekretärin weiß jetzt Bescheid und das Anliegen ist ihr klar, schließlich hat die schlecht funktionierende Produktionssteuerungssoftware bei Herrn Müller und auch bei ihr schon erheblichen Stress erzeugt. Hierbei ist wichtig, dass die Argumentation sehr konkret ist und sich am wirklichen Bedarf des Kunden orientiert. Wenn Sie dagegen abstrakt und unkonkret daherreden (»Wir haben eine innovative Software für mittelständische Unternehmen entwickelt, die ich gerne Herrn Müller einmal vorstellen würde.«), ist das Ergebnis absehbar. Diese unspezifischen Anrufe schlagen im Vorzimmer von Herrn Müller mehrmals in der Woche auf und werden immer abgewimmelt, weil ein wirklicher Nutzen für Herrn Müller und die Firma nicht zu erkennen ist.

Tipp !

Nehmen Sie die Sekretärin ernst und sprechen Sie sie als »Co-Spezialistin« an.

Die Sekretärin zur Vertrauten machen
Möglicherweise ist Herr Müller tatsächlich nicht im Büro. In der Situation sprechen Sie erneut Frau Sommer an: »Was meinen Sie, Frau Sommer, wann soll ich wieder anrufen? Wann erreiche ich Herrn Müller in dieser Woche am besten?« Geben Sie auch hier selbstbewusst einen konkreten Zeitraum vor. Frau Sommer wird Ihnen nun sicher einen Termin geben. Vergessen Sie am Schluss des Telefonats nicht, sich ganz herzlich bei der Sekretärin zu bedanken, denn schließlich treffen Sie Frau Sommer am Telefon bald wieder: »Vielen Dank, Frau Sommer, dass Sie mir so nett geholfen haben! Ich melde mich am Donnerstag um 9.45 Uhr.« Am Donnerstag rufen Sie an und werden nun ohne Probleme zu Herrn Müller durchgestellt.

! **Tipp**

Schauen Sie gemeinsam mit der Sekretärin in den Terminkalender ihres Chefs bzw. ihrer Chefin.

5.3 Wie Sie beim Chef einen Termin bekommen

Sie haben es geschafft, zu Herrn Müller durchgestellt zu werden. Und wenn Sie das Feld gut vorbereitet haben (vgl. Kapitel 5.1), wird der telefonische Empfang freundlicher sein, als wenn Sie als Unbekannter zum ersten Mal in Erscheinung treten.

Die Selbstvorstellung verläuft genauso wie bei der Sekretärin, Frau Sommer. Vielleicht ist für das Gespräch mit Herrn Müller der Status Ihrer Position ebenso wie das Image Ihrer Firma noch etwas wichtiger. Denken Sie daran: Herr Müller hat selbst viele Jahre an seiner Karriere gearbeitet und wird deshalb unbewusst Gesprächspartner vorziehen, die statusmäßig zumindest auf Augenhöhe sind.

Herr Müller hat nicht viel Zeit. Deswegen ist es in diesem Telefongespräch besonders wichtig, schnell und so konkret wie möglich zum Punkt zu kommen: »Herr Müller, Sie setzen in Ihrem Unternehmen ja die XY-Software für die Produktionssteuerung ein. Die XY-Software ist an sich eine gute Software. In einem Bereich hat sie allerdings erheblich Schwachstellen. Die Datenübertragung auf die Fertigungsroboter ist extrem langsam und mitunter auch fehlerhaft. Wir haben genau für dieses Problem eine Software-Lösung entwickelt, die schnell und einfach in Ihre XY-Software integrierbar ist. Diese Software-Lösung würde ich Ihnen gerne in einem persönlichen Gespräch vorstellen.«

Diese Argumentation ist sehr konkret und geht von den wirklichen Bedürfnissen bzw. Problemen des Kunden aus. Das setzt allerdings voraus, dass Sie sich mit dem Kunden im Vorfeld intensiv beschäftigt haben oder das Anwendungsgebiet bzw. die Branche sehr gut kennen. Damit wird auch klar, dass unvorbereitete Anrufe nur geringe

Erfolgschancen haben ebenso wie abstraktes, allgemeines Gerede: »Wir haben eine Softwarelösung, die die Effizienz Ihrer Produktion verbessert.« Warum solches Gerede im Kundengehirn keinen bleibenden Eindruck hinterlässt, erfahren wir in Kapitel 10.

Tipp

Formulieren Sie Ihr Angebot ganz konkret: Vermeiden Sie abstraktes Gerede.

Der schnelle Weg zum Gesprächstermin: Verluste zählen im Gehirn doppelt!

Gerade in der telefonischen Terminvereinbarung muss es schnell gehen und man muss im Kundengehirn den schnellsten und effizientesten Weg zum »Ja-Termin-Knopf« finden. Wir haben bereits gesehen, dass ein konkreter Sprachgebrauch die Verarbeitung im Gehirn beschleunigt. Es gibt aber noch einen weiteren Mechanismus, der die Wahrscheinlichkeit, dass der Kunde innerlich den »Ja-Termin-Knopf« drückt, entscheidend erhöht. Der Psychologe und Wirtschaftsnobelpreisträger Daniel Kahneman hat in vielen Untersuchungen herausgefunden, dass sich drohende Verluste im menschlichen Gehirn doppelt so stark negativ auswirken, im Vergleich zur positiven Auswirkung von zu erwartenden Gewinnen. In Kapitel 1 haben wir uns schon damit beschäftigt. Drohende Verluste haben nicht nur eine doppelt so starke negative Wirkung, sie werden im Gehirn auch etwas schneller verarbeitet als Gewinne. Wie können wir diesen Zusammenhang für unser Termin-Akquisegespräch mit Herrn Müller nutzen? Es kann nämlich sein, dass Herr Müller noch etwas zögert. Die Probleme mit den Fertigungsrobotern sind ihm natürlich bekannt. Aber auf der anderen Seite weiß er als alter Hase, dass es die Software auch nicht umsonst gibt. Er wird Ihnen also möglicherweise entgegnen: »Es stimmt, da gibt es mitunter Probleme, aber so dringlich ist das im Moment nicht.«

Was wäre jetzt die richtige Antwort des Verkäufers? Unsere Software-Lösung verhindert genau dieses Problem? Nein, das würde wenig nützen. Erfolgversprechender wäre folgende Reaktion: »Sie haben, wenn ich richtig informiert bin, 30 Roboter im Einsatz und verlieren, wir haben das mal ausgerechnet, pro Roboter im Monat 1.000 Euro. Das macht 30.000 Euro pro Monat oder 360.000 Euro pro Jahr. Ich denke, dass es sich lohnt, das Thema doch bald anzugehen.« Wetten, dass Sie schon in der nächsten Woche einen Gesprächstermin haben?

Um einen Termin zu bekommen, ist es häufig erfolgversprechender, mit konkreten Verlusten zu argumentieren als mit abstrakten Vorteilen.

Wie man den Satz »Bei uns läuft alles bestens« knackt

Nicht immer können wir das Problem so konkret benennen wie im obigen Beispiel. Wir müssen deshalb das Gespräch mit Herrn Müller nutzen, um herauszufinden, ob er einen Bedarf hat. Betrachten wir den folgenden Dialogwechsel:

Verkäufer: »Herr Müller, viele unserer Kunden haben bei der XY-Software Probleme beim Datentransfer zu den Fertigungsrobotern. Wie schaut das bei Ihnen aus?«

Jetzt kann es Ihnen passieren, dass Ihnen Herr Müller entgegnet:

Herr Müller: »Nein, das Problem haben wir nicht. Bei uns läuft alles bestens.«

Damit wäre das Gespräch zu Ende und der ganze Voraufwand umsonst.

Was machen Sie jetzt? Um aus dieser Gesprächssituation herauszukommen, gibt es eine hilfreiche Technik: Verunsichern und das Tor zur neuen Welt öffnen. Wenn Sie ein Profi und technisch sattelfest sind, können Sie jetzt intervenieren. Denn »alles bestens« bedeutet aus Sicht von Herrn Müller, dass er keine Probleme hat! Es kann aber sehr gut sein, dass Herr Müller die neuesten Technologien auf diesem Gebiet gar nicht kennt und deswegen mit seiner alten Welt zufrieden ist:

Verkäufer: »Herr Müller, das haben die meisten unserer Kunden auch gesagt. Darf ich Ihnen unter uns Spezialisten eine Frage dazu stellen: Ihre Datenübertragung läuft, wie Sie sagen, reibungslos. Aber erreichen Sie damit auch eine Übertragungsrate von 1 GB pro Sekunde?«

Herr Müller: »Nein, die Datenübertragung liegt bei uns bei der Hälfte.«

Verkäufer: »Sehen Sie und genau hier verlieren Sie bares Geld: Wenn Sie nämlich 1 GB übertragen können, können Sie die Produktivität Ihrer Fertigungsroboter um ca. 15 % steigern. Darf ich Sie fragen, wie viele Roboter Sie im Einsatz haben, Herr Müller?«

Herr Müller: »30 Stück«

Verkäufer: »Vielen Dank, Herr Müller. Mit 1 GB könnten Sie pro Roboter im Monat 500 Euro mehr rausholen. Oder anders gerechnet: Bei 30 Robotern sind das 15.000 Euro, die Sie jeden Monat mit der jetzigen Lösung verlieren.«

Was lernen wir an diesem Beispiel? Die Zufriedenheit eines Kunden mit seiner bisherigen Lösung ist häufig eine Scheinzufriedenheit, weil er das Andere oder Bessere gar nicht kennt!

! **Tipp**

Locken Sie Ihren Kunden durch konkrete Verunsicherungsfragen aus seiner alten Welt heraus.

Wenn der Kunde bei der ersten Verunsicherungsfrage sagt »Unsere Datenübertragung läuft mit 1 GB.«, dann können Sie sagen: »Super, damit sind Sie auf dem neuesten Stand.« Jetzt können Sie, wenn Sie noch einen weiteren Pfeil im Köcher haben, spielerisch noch einmal ihr Glück versuchen:

Verkäufer: »Habe ich noch eine weitere Frage frei, Herr Müller?«

Herr Müller: »Für eine Frage habe ich noch Zeit – schießen Sie los ...«

Jetzt hängt es natürlich davon ab, wie spitz und scharf dieser neue Pfeil ist.

5.4 Der klassische Abschluss: Terminalternativen vorgeben

In vielen Verkaufstrainingsbüchern findet man den folgenden richtigen Tipp: Wenn der potenzielle Kunde einem Termin zustimmt, sollten Sie als Verkäufer in die Vorhand gehen und ganz konkrete Terminvorschläge machen:

Verkäufer: »Herr Müller, wie sieht es bei Ihnen zum Beispiel nächste Woche am Montagnachmittag aus?«

Herr Müller wird seinen Kalender nach dieser Frage vom nächsten Montag aus erkunden und nicht vom Sankt-Nimmerleins-Tag her. Denn je weiter der Termin entfernt ist, desto mehr nimmt auch das Problembewusstsein des Kunden wieder ab und damit die Wahrscheinlichkeit einer späteren Absage zu!

Was noch zum Erfolg fehlt

Wir haben bis jetzt nur über sprachliche Inhalte unserer Telefonate gesprochen. Ein erfolgsentscheidender Bereich fehlt aber noch: unsere Stimme am Telefon. Damit und mit der Körpersprache insgesamt wollen wir uns im übernächsten Kapitel 7 beschäftigen.

6 Den Kontext managen: So schaffen Sie ein verkaufsstarkes Umfeld

Was Sie in diesem Kapitel erwartet

Das Gehirn des Menschen wird bei der Entscheidungsfindung sehr stark vom Umfeld, in dem der Verkauf stattfindet, beeinflusst. Die Temperatur des angebotenen Getränks, die Stellung und Polsterung der Stühle, die Lage des Fensters, die Farben des Raums, aber auch Farben der Krawatte, der Geruch im Raum usw. Viele dieser kleinen, aber wirksamen Verkaufstrigger werden in diesem Kapitel beschrieben.

Unser Gehirn liebt es, wie wir in Kapitel 1 schon gesehen haben, wenn die Welt einfach und leicht zu begreifen ist. Zu diesem Wunsch nach Einfachheit zählen auch sogenannte Patentlösungen. Es nimmt nicht Wunder, dass viele Verkaufsbücher und Trainings allein auf sprachlichen Zauberformeln basieren, deren Anwendung zum sicheren Verkaufserfolg führen sollen. Dem liegt eine einfache Logik zugrunde: Ich drücke auf einen »Sprachknopf« und schon funktioniert es. Gute sprachliche Formulierungen können die Kaufbereitschaft steigern (vgl. Kapitel 10 und 11), aber wer sich allein auf den Sprachgebrauch beschränkt, vernachlässigt viele andere, besonders wichtige Kaufknöpfe. Vor allem aber hat er nicht berücksichtigt, wie das Gehirn seines Kunden tatsächlich entscheidet.

6.1 Der Einfluss von Umfeldfaktoren auf das Kundengehirn

Das Gehirn unserer Kunden wird bei seiner Entscheidungsfindung erheblich von Umfeld- und Rahmenfaktoren beeinflusst, die weitgehend unbewusst wirken. Ein kleines Beispiel verdeutlicht das. Nehmen wir an, Sie wären Verkäufer oder Verkäuferin in einer Parfümerie. Das Produkt, das Sie verkaufen möchten, ist ein hochwertiges Parfüm, in unserem Beispiel *Chanel No. 5* (vgl. Abb. 22).

Dieses Parfüm kostet etwas mehr als 100 Euro. Das ist viel Geld. Nun machen wir ein kleines Experiment. Wir verkaufen das gleiche Parfüm in zwei unterschiedlichen Läden, also in zwei unterschiedlichen Kontexten. Laden A ist eine klassische Parfümerie, hochwertig eingerichtet.

Abb. 22: Das Produkt *Chanel No. 5*

Abb. 23: Das Produkt in Laden A

Nun bieten wir das gleiche Parfüm in einem anderen Laden an. Laden B macht einen verschlampten Eindruck und ist deutlich in die Jahre gekommen. Das Parfüm dürfte eigentlich seinen Wert nicht verlieren. Glauben Sie, dass ein Kunde, der den Preis des Parfüms nicht kennt, in beiden Läden den gleichen Preis akzeptieren würde? Die Antwort ist ein klares Nein. Ein Live-Test in diesen Geschäften hat gezeigt, dass ein Kunde, der den tatsächlichen Verkaufspreis nicht kennt, in Laden B 60 % weniger bezahlen würde!

Abb. 24: Das Produkt in Laden B

B2B-Verkäufer mögen der Ansicht sein, diese Art der Beeinflussung spiele nur im Konsumbereich (B2C) eine Rolle. Weit gefehlt! Stellen Sie sich einfach einmal Folgendes vor: Sie wollen einem Kunden ein Hightech-System verkaufen. Das kann eine ICE-Lok, eine CNC-Maschine oder eine innovative Software-Lösung sein. Ihr Unternehmen hat in den letzten Jahren große Summen in die Forschung und Entwicklung sowie in die Produktion gesteckt. Für die Renovierung Ihrer Besprechungs- und Ausstellungsräume war deshalb leider kein Geld mehr vorhanden. Auch die grafische Gestaltung Ihrer PowerPoint-Präsentation stammt noch aus dem Kartoffeldruck-Zeitalter. Kein Kunde glaubt Ihnen in einem solchen Umfeld, dass Ihr Unternehmen ein modernes Hightech-Unternehmen ist und innovative Hightech-Produkte bauen kann.

Ein weiteres Beispiel für die starke Wirkung unbewusst wirksamer Umfeldfaktoren stammt aus den USA. In dem Experiment wurden Studenten in zwei Gruppen aufgeteilt. Gruppe 1 musste einen Besinnungsaufsatz schreiben, in dem sich die Studenten vorstellten, sie wären Teilnehmer eines Sportcamps. Gruppe 2 schrieb auch einen Besinnungsaufsatz. Sie mussten sich überlegen, wie sie einen Tag als betagte Senioren in einem Altersheim erleben würden. Die Studenten gaben ihren Aufsatz ab und dachten, das wäre die ganze Versuchsanordnung gewesen. Der eigentliche Versuch fand jedoch auf dem Gang statt. Die Studenten wurden nämlich mit versteckten Kameras beobachtet und ihre Bewegungsgeschwindigkeit gemessen. Das Ergebnis: »Die Altersheim-Gruppe« bewegte sich sehr viel langsamer als die »Sportcamp-Gruppe«.

Diese Beispiele machen deutlich: Wenn wir erfolgreich verkaufen wollen, müssen wir nicht nur an der Produktargumentation arbeiten, wir müssen auch das Umfeld sowie die Rahmenbedingungen, unter denen der Verkauf stattfindet, aktiv und hirngerecht gestalten. Wenn wir einen Kunden in seinem Büro besuchen, sind unsere Möglichkeiten, das Umfeld zu beeinflussen, natürlich begrenzter als wenn der Kunde zu uns kommt. Aber bei vielen Verkaufs- und Beratungsgesprächen kommt der Kunde zu Ihnen ins Haus, beispielsweise wenn Sie im Handel, in einem Autohaus, in einer Bank oder im Ausstellungsraum Ihres Unternehmens das Verkaufsgespräch führen.

6.2 Die Aufgaben eines »Stimmungs-Managers«

In welcher Situation und in welchem Umfeld haben Sie in den letzten Jahren, ohne sich viel Gedanken zu machen, am meisten Geld ausgegeben? Die meisten werden antworten: im Urlaub! Genauso ist es. Warum? Sie waren entspannt und in bester Stimmung. Gute Stimmung wirkt sich also offenbar positiv auf die Kaufbereitschaft aus. Viele Untersuchungen zeigen, dass je nach Produkt und Kategorie die Kaufbereitschaft um bis zu 30 % steigt, wenn sich der Kunde wohlfühlt und guter Stimmung ist. Bei Investitionsgütern ist der Einfluss natürlich geringer. Uns interessiert deshalb, was Stimmungsfaktoren im Kundengehirn so anstellen.

Gute Stimmung öffnet das Kundengehirn

Unsere Stimmung hat einen gewaltigen Einfluss auf die Informationsaufnahme und -verarbeitung unseres Gehirns. Wenn wir guter Stimmung sind, wird im Gehirn neben den Endorphinen, das sind die »Gute-Laune-Hormone«, vor allem Dopamin ausgeschüttet. Das Dopamin ist der wichtigste Nervenbotenstoff unseres Stimulanz- und Neugiersystems. Wenn wir uns mit neuen Dingen beschäftigen und mit Interesse Neues betrachten, dann ist viel Dopamin im Spiel.

Wenn Ihr Kunde in guter Stimmung ist, ist sein Gehirn bereit zu lernen. Oder ganz konkret: Ihnen und Ihrer Verkaufsargumentation zuzuhören! Bei schlechter Stimmung, diese ist eng mit unserem Vermeidungssystem im Gehirn verbunden, passiert das Gegenteil. Das Gehirn »verschließt sich« und konzentriert sich nur noch auf das elementare Überleben: Ihre Verkaufsargumente verpuffen wirkungslos!

> Im Gute-Laune-Modus nimmt der Kunde Ihre Argumente viel besser auf.

Gute Stimmung macht das Kundengehirn unkritisch

Nachdem das Kundengehirn Ihre Informationen hereingelassen hat, folgt der nächste Schritt: Die Informationen müssen bewertet werden. Diese Bewertung erfolgt stets durch unsere Emotionssysteme. Gute Stimmung ist mit einer stärkeren Aktivierung des Belohnungssystems verbunden, schlechte Stimmung mit dem Bestrafungssystem. Bei guter Stimmung wird Ihre Information also stärker vom Belohnungssystem bewertet, bei schlechter Stimmung vom Bestrafungssystem. Das Belohnungssystem sieht aber die Welt und damit auch Ihre Argumente von Natur aus positiv, das Bestrafungssystem dagegen negativ. Und während es das Belohnungssystem mit den Details nicht allzu genau nimmt, geht das Bestrafungssystem der Sache auf den Grund. Das Kundengehirn nimmt also in guter Stimmung Ihre Verkaufsargumente positiv und locker auf, in schlechter Stimmung wird Ihre Argumentation bis ins kleinste Detail zerpflückt und jede kleine Unzulänglichkeit negativ bewertet.

Im Gute-Laune-Modus ist Ihr Kunde weniger kritisch.

Gute Stimmung öffnet den Geldbeutel des Kunden
Die Stimmung beeinflusst auch erheblich die Kaufbereitschaft Ihres Kunden. Für das Gehirn stellt jeder Kauf immer ein gewisses Risiko dar. In guter Stimmung sind wir risikobereiter und in schlechter Stimmung versuchen wir, alle Risiken zu vermeiden. In guter Stimmung trennen wir uns leichter vom Geld (das Verlustrisiko wird weniger stark empfunden) und in schlechter Stimmung behalten wir das Geld lieber in unserer Tasche.

Im Gute-Laune-Modus sitzt das Geld lockerer in der Tasche Ihres Kunden.

Nachdem wir gesehen haben, welche Auswirkung die gute bzw. schlechte Stimmung des Kunden auf seine Kaufbereitschaft hat, schauen wir uns im Folgenden einige Stellschrauben an, an denen wir drehen können, um die Stimmung des Kunden zu beeinflussen.

6.3 Dunkle Räume – dunkle Kaufstimmung

Insbesondere nach dem letzten Krieg war die Sehnsucht nach Sicherheit auch in den Unternehmen groß. Die Architekten kamen diesem Wunsch gerne nach. Die offiziellen Räume, dazu zählen auch die Besprechungszimmer, wurden in dunklem, schweren Holz eingerichtet. Neben Sicherheit sollte auch Solidität ausgestrahlt werden (beide Aspekte sind charakteristisch für das Balancesystem). Bis heute trifft man diese Stimmungsgruften in vielen Unternehmen an. Und damit ist ihre Wirkung auch beschrieben: Dunkle Räume drücken auf die Kaufstimmung! Wenn Sie als Verkäufer die Möglichkeit haben, zwischen den Besprechungsräumen im Unternehmen zu wählen. Nehmen Sie den helleren! Hellen Sie die Stimmung Ihres Kunden auf!

Hellere Verkaufs- und Besprechungsräume hellen die Kundenstimmung auf.

6.4 Blenden Sie Ihre Kunden nicht

Manche Verkaufstrainer empfehlen, man solle den Kunden mit dem Gesicht zum hellen Fenster setzen, um ihn so »gefügig« zu machen. Wir kennen ja aus Kriminalfilmen die Szenen, in denen der Verdächtige im gleißenden Licht einer Schreibtischlampe verhört wird. Für Räuber und Mörder kann dies eine gute Idee sein, nicht aber für Kunden. Wer von hellem Licht geblendet wird, empfindet dies als extrem unangenehm: Die Stimmung sinkt. Die Folgen sind bekannt. Eine andere Situation ist es dagegen, wenn Sie Einkäufer sind und Ihren Gesprächspartner im Preis drücken wollen – da mag die Lichtdusche nachhelfen.

! **Tipp**

Bieten Sie Ihrem Kunden Sitzgelegenheiten an, auf denen er nicht geblendet wird.

6.5 Sorgen Sie für ein gutes Raumklima

Auch das Raumklima hat einen erheblichen Einfluss auf unsere Stimmung. Männer empfinden eine Raumtemperatur von ca. 20 Grad als angenehm, bei Frauen dürfen es ein bis zwei Grad mehr sein. Ist es im Raum zu warm und schwül (hohe Luftfeuchtigkeit), sinken Stimmung wie Konzentrationsfähigkeit gleichermaßen. Und je unangenehmer es wird, desto stärker wird der Fluchtinstinkt im Kundengehirn aktiviert.

! **Tipp**

Sorgen Sie für eine angenehme Raumtemperatur für das Verkaufsgespräch.

Achten Sie auch auf die Luftqualität des Raumes, in dem Ihr Verkaufsgespräch stattfindet: Schlechte Luft drückt erheblich auf die Stimmung. Die Geruchsrezeptoren in unserer Nase sind direkt mit unserem limbischen System verbunden und üben darauf einen gewaltigen Einfluss aus. Neben der Luftqualität verändern auch unterschiedliche Düfte und Gerüche unsere emotionale Stimmung. Wenn es im Besprechungsraum noch nach Suppe oder Pommes Frites riecht, weil die Kollegen dort Mittag gegessen, aber nicht gelüftet haben, haben Sie ein Problem. Dieser abgestandene Geruchseindruck wird vom Kunden direkt auf Ihr Angebot übertragen! Man kann die Macht des Geruchs auch positiv nutzen: So hebt sanfter Zitrusduft die Stimmung und vitalisiert. Veilchen- oder Vanilleduft entspannt uns. Wenn man Düfte in Verkaufsräumen einsetzt, ist es wichtig, sich zu fragen, ob der Duft zum Produkt passt. Ein Veilchenduft im Sportwagenverkaufsraum harmoniert nicht unbedingt mit dem aggressiven Produkt. Im Schlafzimmerstudio dagegen kann er die Phantasie beflügeln.

! **Tipp**

Sorgen Sie für frische Luft und guten, zum Produkt passenden Duft.

6.6 Der Hintern des Kunden entscheidet mit

Achten Sie auch darauf, welchen Stuhl Sie Ihren Kunden beim Verkaufs- und Beratungsgespräch anbieten. Der Kundenhintern entscheidet nämlich, so unglaublich das klingt, mit! Der amerikanische Psychologe Chris Bargh simulierte Verhandlungssituationen im Labor. Die Aufgabe der Versuchsteilnehmer bestand darin, in der Verhandlung ihre Position durchzusetzen. Die Versuchsteilnehmer saßen entweder auf harten, ungepolsterten Stühlen oder auf den ansonsten baugleichen Stühlen mit weichem Polster. Das Ergebnis war eindeutig: Wenn die Versuchsteilnehmer auf den weichen Stühlen saßen, waren sie viel kompromissbereiter. Die Sinnessignale vom Hintern (weich/hart) wurden von ihrem Gehirn direkt in das entsprechende Verhalten umgesetzt.

Praxis-Tipp !

Lassen Sie Ihre Kunden auf weichen, bequemen Stühlen Platz nehmen.

6.7 Achten Sie auf die Bewirtung

Es ist nur eine kleine Nebensache, aber eine wichtige. Was steht bei der Besprechung auf dem Tisch? In vielen Unternehmen wird darauf nicht sonderlich geachtet. Billige und oft harte Kekse werden angeboten. Das spielt ja keine Rolle, denken die Sparfüchse im Unternehmen. Aber hier wird an der falschen Stelle gespart. Ungewöhnliche und schmackhafte Leckereien sprechen direkt und unmittelbar das Belohnungssystem im Gehirn an und verbessern so die Kundenstimmung.

> Leckere Süßigkeiten auf dem Tisch aktivieren das Belohnungssystem des Kunden und verbessern seine Stimmung.

Und: Die Leckereien sollten eher weich und nicht steinhart sein. Denn ein Kunde, der dabei ist, sich an Ihrer Bewirtung die Zähne auszubeißen, ist auch unbewusst auf Beißen eingestellt.

> Harte Kekse machen den Kunden in der Verhandlung härter.

Selbst die Temperatur der angebotenen Getränke kann Kaufgespräche beeinflussen. Dazu hat Chris Bargh den folgenden Versuch gemacht. Er hat seine Versuchsteilnehmer in ein Zweiergespräch gebracht. Zum Gespräch wurden den Teilnehmern verschiedene Getränke serviert, warmer Tee bzw. Kaffee oder kaltes Wasser bzw. kalte Cola. Anschließend mussten sie einen Fragebogen zum Gesprächsinhalt ausfüllen und bewerten, wie sympathisch ihnen ihr Gesprächspartner war. Das Ergebnis: Wenn die Versuchsteilnehmer kalte Getränke in der Hand hatten, wurde der Gesprächspartner häufig als weniger sympathisch oder unsympathisch bewertet, während bei einem warmen Getränk die Sympathiewerte deutlich besser ausfielen. Im Gehirn läuft eine Assoziationskette:

warmes Getränk = Wärme = Nähe = sympathisch
kaltes Getränk = Kälte = abweisend = unsympathisch

Warme Getränke sind Sympathieverstärker.

6.8 Nutzen Sie den Herdentrieb

Warum waren Tupperware-Partys so erfolgreich? Ein wichtiger Erfolgsfaktor von Tupperware-Partys und Kaffeefahrten besteht in der Aktivierung eines uralten, unbewussten Programms in unserem Gehirn: dem Herdentrieb. Hausfrauen laden ihre Freundinnen zur Party ein. Rentner sind mit anderen Rentnern auf der Kaffeefahrt unterwegs – und dann wird gekauft. Warum? Weil alle kaufen. Der Mensch ist ein soziales Wesen und zum Überleben ist es schon immer vorteilhaft gewesen, sich an anderen zu orientieren. Wenn Sie durch eine fremde Stadt laufen und ein Restaurant suchen, dann werden Sie wahrscheinlich solche Restaurants bevorzugen, die gut gefüllt sind. Leere Restaurants werden Sie dagegen meiden. Unbewusst prüft unser Gehirn, was andere machen, wie andere entschieden haben, und schließt sich dieser Entscheidung an. Nicht nur Entscheidungen werden unbewusst kopiert, auch kleine Gesten oder Regungen: Gähnen Sie einmal in einer Gruppe für alle deutlich sichtbar: Etwa 30 bis 40 % der Anwesenden werden ebenfalls anfangen zu gähnen.

Zu den Rahmenbedingungen erfolgreicher Verkaufsgespräche gehören also nicht nur die Ausstattung des Raumes und die Bewirtung, sondern auch der soziale Kontext, in dem das Gespräch stattfindet. Bringen Sie deshalb zu schwierigen Verkaufsgesprächen Ihre Kollegen und Kolleginnen mit. Auch wenn diese keine aktive Rolle im Gespräch übernehmen: Alleine wenn diese bei wichtigen Stellen Ihrer Präsentation sichtbar zustimmend nicken, werden Ihre Argumente erheblich an Gewicht und Bedeutung gewinnen.

! **Tipp**

Nehmen Sie zu schwierigen Verkaufsgesprächen Kollegen als soziale Verstärker mit.

7 Spiegelneuronen aktivieren: So verbessern Sie Ihre Körpersprache

Was Sie in diesem Kapitel erwartet

Viele Signale, die für den Verkauf wichtig sind, werden über die nonverbalen Kommunikationskanäle – zum Beispiel unsere Körpersprache – vermittelt. Dabei spielen die Spiegelneuronen eine wichtige Rolle im Gehirn. In diesem Kapitel erfahren Sie, wie Sie diese besonderen Nervenzellen zu Ihren Freunden machen.

Der Mensch, so heißt es, ist ein sprachbegabtes Wesen, und was ihn vom Tier unterscheidet, ist seine Sprache. Ohne Sprache geht es natürlich nicht. Denn nur mithilfe der Sprache lassen sich komplexe Angebote darstellen und verkaufen. Neben der gesprochenen Sprache, die weitgehend bewusst verarbeitet wird und die wir zweifellos brauchen, gibt es im Verkaufsgespräch aber eine zweite Sprache, die vor allem unbewusst abläuft und die wichtigsten emotionalen Rahmenbedingungen für das Verkaufsgespräch setzt: die Körpersprache. Über die Körpersprache teilen wir unsere Persönlichkeit mit, wir signalisieren unsere momentane Stimmung und wir drücken Sympathie oder Antipathie für unseren Kunden bzw. Gesprächspartner aus. Genau diese Signale dechiffriert das Gehirn unserer Kunden. Es schätzt die Persönlichkeit des Verkäufers ein, in welcher Stimmung er gerade ist, und fragt sich, ob dieser sein Freund oder sein Feind sind. Von Freunden kauft man gerne – von Feinden kauft man nichts.

7.1 Was zählt mehr: Körpersprache oder Faktenwissen?

Was ist für den Verkaufserfolg wichtiger? Die Produktfakten, die wir über die gesprochene Sprache vermitteln, oder die Beziehung zum Kunden, die wir vor allem über unsere Körpersprache – einschließlich der Stimme und ihrer Intonation – vermitteln? Ein großer deutscher Automobilkonzern hat diese Frage einmal wissenschaftlich von einer Schweizer Universität untersuchen lassen. Das Ergebnis war beeindruckend: Für den Verkaufserfolg ist die Beziehung zum Kunden mit 75 % der entscheidende Faktor, dagegen gehen nur 25 % des Verkaufserfolgs auf die (technische) Kompetenz des Verkaufspersonals zurück. Verhielt sich der Verkäufer herzlich und zugewandt, war es für den Kunden überhaupt kein Problem, wenn der Verkäufer auf eine Faktenfrage nicht sofort antworten konnte, sondern zum Beispiel sagte »Ich schau gleich einmal für Sie im Internet bei unserem Hersteller nach.«. Völlig anders war es, wenn der Verkäufer kühl und distanziert zum Kunden war. Mit dem Abschiedssatz des Kunden »Ich muss mir das Ganze mal in Ruhe zu Hause überlegen.« war der Verkauf endgültig gescheitert.

Im Bereich des Konsumgüterverkaufs ist die Körpersprache dreimal so wichtig wie das Faktenwissen. Im B2B-Sektor sind Faktenwissen und Körpersprache von gleicher Bedeutung.

Die gesprochene Sprache – entwicklungsgeschichtlich eine junge Erfindung

Um den gewaltigen Einfluss der Körpersprache zu verstehen, müssen wir uns mit der gesprochenen Sprache beschäftigen. Und die gesprochene Sprache ist entwicklungsgeschichtlich erst vor Kurzem in unserem Gehirn entstanden: etwa vor 200.000 Jahren. Unsere Körpersprachen-Vergangenheit reicht 40 Millionen Jahre zurück, sie beginnt mit der Entstehung unserer Vorfahren, den Affen. Wenn man zudem bedenkt, wie langsam die Evolution voranschreitet – nach sieben Millionen Jahren seit der Trennung vom Affen haben wir noch 98 % gemeinsame Gene – wird deutlich, wie wirkmächtig die Körpersprache bis zum heutigen Tag ist. Unsere tierischen Vorfahren und Verwandten hatten und haben zwar auch eine Sprache. Diese ist aber sehr einfach. Ein großer Teil der Kommunikation erfolgt bei ihnen, wie bei uns, über die Körpersprache.

7.2 Ein wichtiges Signal: das Gesicht des Verkäufers

Es gibt kein wichtigeres Signal für ein menschliches Gehirn als das menschliche Gesicht. Der Mensch ist ein soziales Wesen und alleine nicht überlebensfähig. Wir brauchen Menschen, die uns helfen. Leider gibt es aber auch Menschen, die uns weniger gut gesinnt sind. Und diesen Unterschied nehmen wir in Bruchteilen von Sekunden im Gesicht des anderen wahr. Diese enorme Bedeutung des Gesichts zeigt sich auch darin, dass das Gesichtserkennungs- und Dechiffrierungssystem durch das gesamte Gehirn läuft. Im hinteren Teil des Gehirns gibt es einen Bereich, den das Gehirn aktiviert, wenn ein Gesicht entdeckt wird. Im mittleren Bereich des Gehirns wird ermittelt, um wen es sich handelt, und im vorderen Bereich sowie im limbischen System erfolgt dann die emotionale Bewertung des Gesichtsausdrucks. Uns interessiert, was bei dieser emotionalen Bewertung des Gesichts abläuft und welche Konsequenzen sich dabei für eine erfolgreiche Verkaufstätigkeit ableiten lassen.

Der erste Eindruck zählt

Die Alltagspsychologie wusste es schon immer: Der erste Eindruck zählt. Die Hirnforschung aber zeigt: Der erste Eindruck zählt ein Vielfaches. Schon nach einer halben Sekunde liefert das Gehirn Ihres Kunden nämlich schon eine fixe Bewertung von Ihnen. Natürlich wird dabei Ihr gesamter Auftritt inklusive Ihrer Kleidung bewertet. Aber Ihr Gesicht spielt dabei die Hauptrolle. Evolutionär spielen die folgenden Bewertungsdimensionen eine überlebenswichtige Rolle:

- Ist er/sie sexuell attraktiv?
- Ist er/sie sympathisch?
- Kann ich ihm/ihr vertrauen?

Schauen wir uns kurz die Bewertungsdimension der sexuellen Attraktivität an. Sind Sie vielleicht der George-Clooney- oder Penélope-Cruz-Typ? Schöne Menschen haben es im Leben eindeutig leichter: Sie finden schneller einen Partner, sie werden bevorzugt behandelt, sie sind erfolgreicher und machen schneller Karriere. Die meisten Menschen – mich eingeschlossen – werden beim Blick in den Spiegel im Vergleich zu diesen schönen Stars etwas ernüchtert sein. Müssen also weniger schöne Menschen beim Verkaufen verzweifeln? Nein, das ist zum Glück nicht der Fall. Der Karlsruher Ökonomieprofessor Bernd Ankenbrand hat in seinen Forschungen festgestellt, dass gut aussehende Finanzdienstleistungsverkäufer unbewusst als weniger vertrauenswürdig eingestuft werden als weniger gut aussehende. Und Vertrauen ist, wie wir im nächsten Kapitel sehen werden, ungeheuer wichtig für erfolgreiches Verkaufen.

7.3 Wecken Sie die Spiegelneuronen Ihrer Kunden

Das emotionale Gesichtsbewertungssystem im menschlichen Gehirn besteht aus vielen unterschiedlichen Hirnbereichen. Ein trauriges Gesicht aktiviert zum Beispiel andere Bereiche im limbischen System als ein fröhliches Gesicht. Für den Verkauf sind die sogenannten **Spiegelneuronen** besonders wichtig. Diese wurden 1992 vom italienischen Forscher Giacomo Rizzolatti entdeckt. Er beobachtete bei Affen, dass allein durch die Beobachtung anderer Affen bei ihnen die gleichen Bewegungsneuronen aktiviert wurden wie bei den Affen, die sich tatsächlich bewegt haben. Über viele Jahre wurden die Spiegelneuronen nur im Bereich der Bewegungsimitation beobachtet. Das änderte sich 2006, als die englische Forscherin Sophie Scott entdeckte, dass es Spiegelneuronen gibt, die das eigene Lachen aktivieren, wenn man von anderen angelacht (nicht ausgelacht!) oder angelächelt wird.

Tipp !

Achten Sie schon in den ersten Sekunden des Zusammentreffens mit Ihrem Kunden auf Ihren Gesichtsausdruck, der freundlich und zugewandt sein sollte.

Die Spiegelneuronen werden nur aktiv, wenn es sich um ein echtes Lachen oder Lächeln handelt. Beim echten Lachen müssen nicht nur die Lachmuskeln im Mundbereich (zygomatische Muskeln) aktiv sein, auch in den Augen müssen sich kleine Lachfältchen zeigen. Der französische Forscher Guillaume-Benjamin Duchenne hatte schon Mitte des 19. Jahrhunderts die Wichtigkeit des »Augenlächelns« für die menschliche Kommunikation entdeckt, seine Forschungen wurden nun von der Hirnforschung eindrucksvoll bestätigt. Die Lach-Spiegelneuronen Ihres Kunden können Sie also durch Ihr Lachen direkt aktivieren. Besonders wichtig: Ihr Kunde hat keinerlei Einfluss auf seine eigenen Spiegelneuronen! Der schwedische Forscher Ulf Dimberg zeigte Versuchspersonen am Bildschirm neutrale Gesichtsbilder. Die Versuchspersonen wurden zudem angehalten, keine Miene zu verziehen. Das gelang auch perfekt. Als Dimberg aber zwischen den Bildern von neutralen Gesichtern ein lächelndes Gesicht einspielte, und zwar nur für eine halbe Sekunde, war es mit der Selbstkontrolle zu Ende: Die Lachmuskeln im Gesicht der Versuchspersonen wurden aktiviert. Diese Aktivität lässt sich mit Elektroden messen, die über den entsprechenden Muskeln auf die Haut geklebt werden.

In der nächsten Versuchsreihe mischte Dimberg zwischen die Bilder von neutralen Gesichtern ein ärgerliches und grimmiges Gesicht. Hier zeigte sich ein ähnliches Verhalten der Versuchspersonen: Bei neutralen Gesichtern war es für sie kein Problem, die Kontrolle über ihren Gesichtsausdruck zu wahren. Beim Anblick des grimmigen Gesichts verloren sie diese Kontrolle. Diesmal wurden die »Ärgermuskeln«, die sogenannten Korrugator-Muskeln, im Gesicht aktiv. Die sitzen genau zwischen den Augen und ziehen die Augenbrauen zusammen. In der Hirnforschung wurden inzwischen auch entsprechende Ärger-Spiegelneuronen gefunden!

! **Tipp**

Mit Ihrem Gesichtsausdruck können Sie die Stimmung und das Gesicht Ihres Kunden steuern

380 % mehr Umsatz durch Spiegelneuronen

Als Verkäufer interessiert Sie wahrscheinlich vor allem, was diese Erkenntnisse unter dem Strich bringen, möglichst in Euro und Cent. Ein besonders spannender Versuch wurde dazu von den Psychologen Kent Berridge und Piotr Winkielman an der Universität in San Diego durchgeführt. Dreißig durstige Versuchspersonen wurden vor die Frage gestellt, wie viel sie für ein Getränk zu zahlen bereit wären. Die eine Gruppe bot im Durchschnitt 10 Cent, während die andere Gruppe bereit war, 38 Cent (380 % mehr!) zu bezahlen. Um es zu verdeutlichen: Beide Gruppen waren gleich durstig und boten für das gleiche Getränk. Was aber war die Ursache für diesen gewaltigen Unterschied? Die »Verkaufspräsentation« des Getränks fand an Bildschirmen statt. Was die Versuchspersonen nicht bemerkten, war, dass auf dem Bildschirm nicht nur das Getränk, sondern auch Gesichter eingeblendet wurden. Und zwar in so kurzer Einblendungszeit, weniger als 50 Millisekunden, dass ihr Bewusstsein nichts, ihr Unbewusstes aber sehr viel wahrnahm. Den »Geizhälsen«, die nur 10 Cent für das Getränk boten, wurde ein grimmiges Gesicht, den Spendierfreudigen dagegen ein freundlich lachendes Gesicht ins Unbewusste geschmuggelt. Auch wenn in der Verkaufspraxis diese Effekte nicht erreichbar sind, weil die Versuchspersonen das Gebot unmittelbar nach der unbewussten Präsentation abgeben mussten, zeigt sich doch, dass die Spiegelneuronen ein wichtiges Wort beim Kauf mitzureden haben.

> Ein lachendes Gesicht ist einer der wirkungsvollsten Umsatzverstärker, den es gibt.

Lächeln setzt das Glückshormon Dopamin frei

Wir haben in Kapitel 6 gesehen, wie wichtig die Stimmung des Kunden für den Kauf ist. Bei guter Stimmung hört der Kunde besser zu, er ist offener für unsere Argumente, er ist weniger kritisch und spendierfreudiger. Heute weiß man aus der Hirnforschung, dass allein die Bewegung der Lachmuskeln (mit den Augen) ausreicht, in unserem Gehirn das Neugier- und Glückshormon Dopamin (sowie weitere Opioide) freizusetzen. Wenn Sie dagegen Ihre Augenbrauen zusammenziehen und die Ärgermuskeln aktivieren, wird in Ihrem Gehirn das Angst- und Stresshormon Cortisol freigesetzt. Allein diese kleinen Bewegungen modulieren also schon unsere Stimmung.

Tipp !

Mit Ihrem Lächeln setzen Sie Glückshormone im Kundengehirn frei.

Lächeln verstärkt das Vertrauenshormon Oxytocin

Diese Stimmungen werden aber noch erheblich verstärkt, wenn die emotionale Bewertung des Gesichtes durch das limbische System erfolgt. Bei der Bewertung wird, wenn wir angelacht werden, nicht nur zusätzliches Dopamin ausgeschüttet, sondern auch ein für den Verkauf ganz wichtiges Hormon, das Vertrauenshormon Oxytocin. Mit Vertrauen und Oxytocin werden wir uns im folgenden Kapitel 8 beschäftigen. Das Dopamin sorgt also dafür, dass der Kunde besserer Laune ist. Das Oxytocin baut das natürliche Misstrauen gegenüber dem Verkäufer ab. Beide Prozesse haben den Effekt, dass sich Ihr Kunde besser fühlt und Sie ihm sympathischer sind.

Tipp !

Mit Ihrem Lächeln setzen Sie das Vertrauenshormon Oxytocin im Kundengehirn frei.

Der Absichtenerkenner und Lügendetektor im Gehirn

Die Reaktionen im Gehirn auf das lachende oder ärgerliche Gesicht laufen relativ schnell und automatisch ab. Aber um erfolgreich zu überleben, muss unser Gehirn bei der Einschätzung, ob es sich um einen Freund oder einen Feind handelt, mehr vom anderen wissen. Es muss wissen, ob der Andere etwas im Schilde führt, welche Absichten er hat und was er denkt. Und weil man dem Anderen nicht »in den Kopf« schauen kann, nutzt unser Gehirn das Gesicht des anderen, aber auch dessen Gestik und Körperhaltung, als Informationsquelle. Zusammengeführt werden diese Informationen in einem Bereich im Großhirn, der über der Nasenwurzel liegt. Auf Basis all dieser Informationen bildet dieser Absichtenerkenner im Gehirn eine Theorie darüber, was der andere denkt und vorhat. Dieser Prozess wird in der Wissenschaft als »Theory of Mind« bezeichnet. In Millionen von Jahren hat unser Gehirn gelernt, die vielen Signale, die der andere aussendet, zu deuten und vor allem auch zu erkennen, ob der andere die Wahrheit sagt oder lügt. Der Absichtenerkenner ist deshalb gleichzeitig auch der

Lügendetektor in unserem Gehirn. In der Verhörtechnik, die ein wichtiger Bestandteil der Polizei- und Agentenausbildung ist, steht die Lügenerkennung ganz oben auf der Agenda. Für den Agenten ist es wichtig zu erkennen, ob er seinem Informanten trauen kann, für den Polizisten, ob der Verdächtige schuldig oder nicht schuldig ist. Im Verkaufsgespräch wiederum möchte der Kunde wissen, ob wir, wenn wir unser Produkt über den Klee loben, die Wahrheit sagen oder ihm Lügen auftischen.

Normalerweise haben die Menschen ein durchschnittlich ausgeprägtes Gespür für diese Lügensignale. Für Profis ist das natürlich zu wenig. Sie werden darin ausgebildet, die feinsten Signale in der Mimik, Gestik und der Körperhaltung zu deuten, die auf Lügen hinweisen.

Lügensignale – So erkennen Sie, ob Ihr Kunde schwindelt
Aber auch für Verkäufer hat die professionelle Lügenerkennung viele Vorteile. Denken Sie nur an die Situation, wenn Ihnen der Kunde sagt: »Gestern war Ihr Wettbewerber bei mir, sein Angebot war viel besser und dazu um 20 % billiger!« In einer solchen Situation kann Ihnen die Erkenntnis, dass es sich dabei um eine glatte Lüge handelt, viel Geld sparen, weil Sie keine unnötigen Rabatte anbieten müssen.

Für die Lügenerkennung ist es wichtig zu wissen, dass es nicht einzelne Geheimsignale sind, die auf Lügen deuten, sondern ganze Merkmalskombinationen, sogenannte Lügenmuster. Schauen wir uns einige Merkmale an, die häufig zusammen auftreten und auf eine Lüge hinweisen:

- Augenkontakt wird unter allen Umständen aufrechterhalten
- nervöse Gesten (der Lügner steht ja unter leichtem Stress), zum Beispiel das Zupfen an der Kleidung, an den Haaren, an den Ohrläppchen oder auch beschleunigte Gesten
- kurzfristiges Verdecken des Mundes mit der Hand, Beine kreuzen, angespannte Lippen
- etwas höhere Stimmlage als gewöhnlich aufgrund der Anspannung
- Wiederholung von Fragen, die sich mit Inhalten der Lüge beschäftigen, um Zeit zu gewinnen. Denn Lügner können nicht auf die erlebte Erfahrung zurückgreifen, sondern müssen diese erst formulieren. Das kostet aber Denkzeit.
- geringe Spontaneität, eher formale, einstudierte Sätze
- Aussagen sind kurz und wenig ausgeschmückt (keine nebensächlichen Details)
- Schwierigkeit, die Lügengeschichte in einer anderen Reihenfolge zu erzählen
- geringe Unterstreichungs- und Verdeutlichungsgesten. Unsere Gesten werden im Gehirn ausgelöst, bevor wir den Gedanken formuliert haben. Da Lügner aber den Gedanken konstruieren und bewusst formulieren müssen, entstehen entweder keine Gesten (natürliche Lügenreaktion) oder die Gesten kommen zu spät (nach dem Aussprechen von wichtigen Inhalten).

- Das Gleiche passiert auch mit dem Gesichtsausdruck. Wenn ich mich über den Anderen ärgere, entstehen die berühmten Zornesfalten zwischen den Augenbrauen. Bei Lügnern, die versuchen, ihre Lüge zu spielen, entstehen die Zornesfalten erst nach der Äußerung.
- Kontrolle der Mimik im Gesicht: Bei Lügen werden die Mimik-Muskeln um den Mund bewusst eingesetzt, die eher automatischen und unbewusst arbeitenden Mimik-Muskeln rund um die Augen werden dagegen nicht aktiviert.

Tipp !

Lernen Sie diese Lügensignale auswendig, wenn Sie häufiger mit professionellen Einkäufern verhandeln müssen.

Mikroexpressionen lassen sich nicht vortäuschen

Besonders spektakulär in der Lügenerkennung sind die sogenannten Mikroexpressionen. Sie treten extrem kurz (1/10 Sekunde), nur leicht angedeutet und spontan auf, bevor das eher bewusst gesteuerte Verhalten beginnt. Dabei unterscheidet man zwischen der Mikro-Gestik und der Mikro-Mimik. Diese Mikroexpressionen haben eines gemeinsam: Sie lassen sich nicht vortäuschen, sagen also immer die Wahrheit. Jedoch sind sie mit dem bloßen Auge nicht zu erkennen. Ihre Erkennung und Deutung lässt sich auch nur sehr schwer schulen. Der bekannte amerikanische Ausdruckspsychologe Paul Ekman beschäftigt sich seit einigen Jahren intensiv mit diesem Phänomen. Inzwischen hat er über 20.000 Menschen auf die Fähigkeit getestet, Mikroexpressionen zu erkennen. Die Ausbeute war dürftig: Er fand bisher nur 50 Menschen mit der wohl angeborenen Fähigkeit, diese geheimen Signale zu entziffern. Diese Menschen bezeichnet Ekman als Truth Wizards, also Wahrheits-Zauberer oder Wahrheits-Genies.

7.4 Die Körpersprache: Ausdruck der Persönlichkeit

Die Körpersprache hat im Verkaufsgespräch eine herausragende Bedeutung. Dass verschränkte Arme und verschränkte Beine ebenso Verschlossenheit und Ablehnung signalisieren wie ein nach hinten gelehnter Oberkörper, lernt jeder Verkäufer hoffentlich in den ersten Stunden eines Verkaufstrainings. Ebenso lernt er, dass geöffnete Handflächen und ein nach vorne gebeugter Oberkörper Nähe und Interesse signalisieren. Zu diesem Thema gibt es aber viele gute Bücher. Deswegen soll hier auf die klassischen Regeln der Körpersprache nicht näher eingegangen werden.

Tipp !

Die Körpersprache gibt Auskunft über die Persönlichkeit. Nutzen Sie Fachratgeber und Trainings zur Verbesserung Ihrer Körpersprache.

Uns interessiert die Körpersprache aus einer anderen Perspektive. Denn die Körpersprache gewährt einen tiefen Einblick in die Persönlichkeit unseres Kunden, zugleich zeigt sie dem Kunden unsere eigene Verkäuferpersönlichkeit.

Die Körpersprache des Performers und Hard-Sellers

Performer und Hard-Seller haben eine besonders starke Ausprägung im Dominanzsystem. Das Dominanzsystem hängt eng mit der Ausschüttung des »männlichen« Hormons Testosteron zusammen (auch Frauen haben Testosteron). Testosteron macht uns kampfbereiter. In der Urzeit der Menschheit war es vorteilhaft, wenn man stark war und Muskeln hatte. Testosteron ist wesentlich am Muskelaufbau, aber auch an der Muskelspannung beteiligt. Und damit haben wir schon einen wichtigen Hinweis auf die Körpersprache des Performers oder Hard-Sellers: Eine hohe körperliche Grundspannung und aufrechter, dynamischer Gang sind typische Kennzeichen seiner Körperhaltung. Sein Blick ist fokussiert und zielgerichtet, seine Mimik eher streng. Seine Gesten sind sparsam. Der Händedruck ist sehr kräftig.

> Eine hohe körperliche Grundspannung weist auf einen Performer bzw. Hard-Seller hin.

Die Körpersprache des Kreativen und Kunden-Begeisterers

Beim Kreativen ebenso wie bei dem Kunden-Begeisterer ist das Stimulanzsystem besonders stark ausgeprägt. Das Stimulanzsystem ist mit einer hohen Konzentration des Neugierhormons Dopamin verknüpft. Das Dopamin hat zudem eine weitere wichtige Eigenschaft: Es initiiert Bewegungen. Unsere Neugier kommt nämlich daher, dass unsere (tierischen) Vorfahren aktiv nach neuem Futter suchen mussten. Und schon bei diesen einfachen Lebewesen spielte Dopamin eine wichtige Rolle: Es setzte die Bewegung zur Futtersuche in Gang. Diese Verknüpfung von Dopamin und Bewegung ist bis zum heutigen Tag erhalten geblieben. Fehlt in bestimmten Bereichen des Gehirns das Dopamin, entsteht die Krankheit Parkinson. Ein Merkmal von Parkinson ist es, dass Betroffene Mühe haben, Bewegungen zu initiieren und flüssig auszuführen.

Nun zu unseren Stimulanz-Typen: Ihre Körpersprache ist voller Bewegung. Sie bewegen sich schnell und häufig. Ihre Gestik ist sehr lebendig. Auch ihr Blick ist in Bewegung: Sie schauen überall hin und suchen permanent nach Ablenkung und nach Neuem. Ruhe und Entspannung ist ihre Sache nicht. Im Gespräch verändern sie laufend und oft die Position. Sie stehen gerne auf und bewegen sich. Der Händedruck erfolgt ziemlich schnell, mit mittlerer Spannung.

> Immer in (schneller) Bewegung – das ist ein typisches Merkmal für den kreativen Verkäufertypus und den Kunden-Begeisterer.

Die Körpersprache des Harmonie-Suchers und Kunden-Verstehers
Beim Harmonie-Sucher und Kunden-Versteher ist das Harmoniesystem (Bindung und Fürsorge) sehr stark ausgeprägt. Diese beiden Emotionssysteme wiederrum haben eine engere Verknüpfung zu den »weiblichen« Hormonen Östrogen, Prolactin und Oxytocin. Auch hier gilt: Diese Hormone finden sich auch bei allen Männern! Alle diese Hormone haben eine Eigenschaft: Sie sind die Gegenspieler des Testosterons und machen Muskeln und Körper weicher. Und genau diese Grundeigenschaft kennzeichnet die Körperhaltung der Harmonie-Typen. Sie ist eher weich und ohne große Spannung. Die Bewegungen sind eher langsam und ohne große Dynamik – alles wirkt »gemütlich«.

Weicher Händedruck und geringere Körperspannung weisen auf den Verkäufertypus des Harmonie-Suchers und Kunden-Verstehers hin.

Die Körpersprache des Bewahrers und des Korrekten
Die Körpersprache der Balance-Typen lässt sich am besten mit dem Wort »kontrolliert« beschreiben. Diese Kontrolle gelingt weitgehend, aber nicht überall: Insbesondere der Blick ist mitunter etwas »verhuscht«, weil die Welt ständig auf mögliche Gefahren hin kontrolliert werden muss. Die Bewegungen sind ebenso wie die Mimik eher spärlich. Auch die körpersprachlichen Reaktionen auf kleine Späße und Witze halten sich in Grenzen. Der Händedruck ist von mittlerer Dauer und mittlerem Druck.

Geringe Mimik und kontrollierte Bewegungen sind typische Merkmale für den Typus des Bewahrers bzw. des Korrekten.

7.5 Voice sells – Die Bedeutung von Stimme und Stimmklang

Unter dem Titel »Voice sells« hat der österreichische Trainer und Schauspieler Arno Fischbacher ein überaus lesenswertes und nützliches Buch über diesen oft vernachlässigten Kommunikationskanal geschrieben. Auch Stimme und Stimmklang geben wichtige Hinweise auf die Persönlichkeit und können Ihren Verkaufserfolg entscheidend beeinflussen. Dass Stimme und Persönlichkeit eng verknüpft sind, zeigt sich schon an der Herkunft des Wortes »Person« aus dem lateinischen *per sonare = durch klingen*. Von entscheidender Bedeutung ist die Stimme bei der telefonischen Terminvereinbarung und dem Telefonverkauf. Hier ist die Stimme die einzige Informationsquelle für die wichtigsten Fragen Ihres Kunden: »Wer ist mein Gesprächspartner? Kann ich ihm trauen? Finde ich ihn sympathisch?« Wenn Termine telefonisch vereinbart werden, bildet die Stimme den ersten Eindruck, den wir als Verkäufer aufbauen und hinterlassen.

Bei der Terminvereinbarung am Telefon ist Ihre Stimme ein wichtiger Türöffner.

Tiefe Stimme = kompetent ⊠ hohe Stimme = trivial

Allein aus dem Stimmklang extrahiert unser Unbewusstes wichtige Informationen zur Einschätzung unseres Gesprächspartners. Eine tiefe Stimme wird im Unbewussten des Kunden sofort und direkt mit Stärke, also Kompetenz und Autorität assoziiert. Wenn Sie mit einer tieferen Stimme sprechen, haben Sie und Ihre Worte sofort ein höheres Gewicht. Gerade vor wichtigen Kundenanrufen, zum Beispiel um einen ersten Kundentermin zu vereinbaren, ist deshalb nicht nur eine gute inhaltliche Vorbereitung wichtig, sondern auch die Vorbereitung, wie und mit welchem Stimmklang wir am Telefon sprechen wollen.

Frauen haben bei diesem unbewussten Kompetenz-Trigger übrigens einen deutlichen Nachteil. Ihre Stimmlage ist höher. Deshalb werden ihre Aussagen unbewusst als »trivial« wahrgenommen. Margaret Thatcher zum Beispiel bemerkte in ihrer politischen Laufbahn ziemlich bald dieses enorme Handicap. Bei ihren ersten Reden wurde sie permanent (von Männern) unterbrochen. Sie zog sofort die Konsequenz und unterzog sich einem Stimmtraining, um ihre Stimmlage abzusenken. Diese unbewussten Mechanismen werden auch durch die Medien verstärkt. Nachrichten wurden lange Zeit nur von Männern gesprochen. Noch in den 1970er-Jahren äußerte ein amerikanischer Medienmogul »Die Leute wollen keine Frauenstimmen, wenn es um ernsthafte Dinge geht.« und »Einer Frauenstimme würde niemand abnehmen, dass ein Krieg ausgebrochen ist.«. Gott sei Dank hat sich in den Medien und in der Politik die Gleichberechtigung weitestgehend durchgesetzt. Aber: Die Wirkung der dargestellten unbewussten Assoziationen wird dadurch zwar etwas abgeschwächt, sie hat aber nach wie Einfluss! Für Frauen und Männer, die keine Alt- oder Bass-Stimme haben, gilt gleichermaßen: Senken Sie die Stimme ab, wenn Sie überzeugen wollen.

! **Tipp**

Überprüfen Sie Ihre Stimmlage: Bei zu hoher Stimmlage wirken Sie weniger kompetent. Senken Sie die Stimme ab, wenn Sie überzeugen wollen.

Von der Stimme auf die Persönlichkeit schließen

Unser Temperament hängt stark mit der Persönlichkeit zusammen. Wenn wir lauter und expressiver sind, ist die Wahrscheinlichkeit groß, dass unser Stimulanz- und/oder Dominanzsystem stärker ausgeprägt ist. Menschen, die laut sprechen und zudem ihre Stimme stark modulieren, gehören mit größerer Wahrscheinlichkeit der Gruppe der Performer und Kreativen an. Diese beiden Gruppen lassen sich in der Intonation weiter unterscheiden: Kreative intonieren mit einem schnelleren Klangwechsel und häufigeren »Obertönen«. Wenn die Stimme leiser und weniger moduliert eingesetzt wird, handelt es sich eher um einen Harmonie-Sucher oder einen Bewahrer. Auch diese beiden lassen sich nochmals unterscheiden. Die Stimme des Harmonie-Suchers klingt aufgrund ihrer geringeren Muskelspannung etwas verhaucht.

Die Stimme gibt Auskunft über unsere Persönlichkeit und diejenige unseres Kunden.

7.6 Nonverbale Konflikte minimieren

In Kapitel 3 haben wir gesehen, dass es manchmal »natürliche« Spannungen zwischen einem Verkäufer und seinem Kunden aufgrund ihrer unterschiedlichen Persönlichkeitsstruktur gibt. Ein Kunde vom Typ Harmonie-Sucher, der mit einem forsch und dominant auftretenden Verkäufer vom Typ Hard-Seller konfrontiert wird, wird allein durch seine Körpersprache unbewusst sofort auf Ablehnung und Distanz schalten.

Ein Verkäufer vom Typ Kunden-Versteher dagegen, der mit sanfter Stimme säuselt, sich etwas gebeugt und devot nähert und dabei auf einen Kunden vom Performer-Typ trifft, wird von diesem unbewusst nicht ganz für voll genommen. Für diese gegenseitige Einschätzung ist die nonverbale Kommunikation – Mimik, Gestik, Körperhaltung und Stimme – entscheidend.

Sind wir also unserer eigenen Körpersprache ausgeliefert? Nein. Denn gute Verkäufer können nicht nur gut argumentieren, sie sind auch **gute** Schauspieler. Ein geschulter Hard-Seller wird, wenn er auf einen Harmonie-Sucher trifft, in seiner nonverbalen Kommunikation weicher, sensibler und einfühlsamer auftreten. Ein geschulter Kunden-Begeisterer wird, wenn er auf einen Bewahrer trifft, seine impulsive nonverbale Kommunikation zurückfahren, um den Bewahrer nicht zu erschrecken.

Tipp !

Passen Sie Ihre nonverbale Kommunikation der Persönlichkeit Ihres Kunden an.

Was wir von guten Schauspielern lernen können

Viele Kollegen und Verkäufer werden an dieser Stelle möglicherweise aufschreien: Das Wichtigste beim Verkaufen sei es doch, authentisch aufzutreten und sich nicht zu verstellen. Dabei denken sie an Verkäufer, die von Rhetorik- und Verkaufsschulungen zurückkamen und die sich alle gleich dynamisch und mit identischen Gesten, also gleich unnatürlich benommen hatten.

Gute Schauspieler erkennen sofort den Grund dieses nonverbalen Fiaskos. In der Regel machten die frisch und falsch trainierten Verkäufer eine Aussage und erst mit einer kurzen Verzögerung erfolgte die begleitende Mimik und Gestik. Das wirkt wie in einem amerikanischen Film, der schlecht ins Deutsche synchronisiert wurde und in dem der Ton eine halbe Sekunde vor der Handlung einsetzt. In der »natürlichen« Körpersprache ist es genau anders herum: Die Gestik und Mimik beginnt bereits vor der sprachlichen Äußerung.

Was ist der wesentliche Unterschied zwischen einem guten und einem schlechten Schauspieler? Ganz einfach: Schlechte Schauspieler spielen eine Rolle »von außen«. Dieses kopfgesteuerte Spiel führt dazu, dass Mimik und Gestik zu spät einsetzen und deswegen nicht echt wirken. Gute Schauspieler dagegen verkörpern von innen heraus die Rolle und dies führt zur natürlichen Körpersprache.

Diesen gewaltigen Unterschied in der Wirkung, Glaubwürdigkeit und Authentizität des Schauspiels hat in den 1940er-Jahren der russische Schauspieler und Dramaturg Konstantin Sergejewitsch Stanislavski entdeckt. In seinem für die Schauspielkunst bahnbrechenden Werk »An actor prepares« (»Ein Schauspieler bereitet sich vor«) zeigt er, dass ein Schauspieler dann erfolgreich ist, wenn er nicht versucht, die Emotionen zu spielen, sondern sich stattdessen in die Persönlichkeit, die er verkörpert, hineinversetzt und die Gefühle innerlich erlebt. Die Revolution, die Stanislavski damals eingeleitet hat, erhält heute aus der Hirnforschung ihre wissenschaftliche Bestätigung.

Nur wenn es uns als Verkäufer gelingt, wie der Kunde zu fühlen, überträgt sich dies in eine authentische nonverbale Kommunikation. Gute Verkäufer versetzen sich, wenn sie erkannt haben, welche Persönlichkeitsstruktur ihr Kunde hat, kurz in dessen Persönlichkeit und versuchen, die damit verbundenen Gefühle zu erleben. Die glaubwürdige, nonverbale Kommunikation erfolgt dann fast automatisch. Natürlich wird auf diese Weise ein brutaler Hard-Seller nicht zum sanften Kunden-Versteher. Aber wenn nur 20 % seiner Dominanz-Signale abgeschwächt werden, wird sein Verhalten plötzlich positiv gedeutet: Er wird als kompetent und selbstbewusst eingeschätzt.

> Nur wenn Sie sich voll und ganz in die Persönlichkeit Ihres Kunden hineinversetzen, werden Sie Ihre nonverbale Kommunikation erfolgreich auf ihn ausrichten können.

7.7 Nicht vergessen: unser Eigengeruch

Die bisher behandelten nonverbalen Signale in Verkaufssituationen nehmen wir über die Augen und die Ohren auf. Aufmerksame Zeitgenossen werden jetzt aber fragen: Und was ist mit der Nase? Hat die auch einen Einfluss auf die Beziehung zwischen Verkäufer und Kunde? Sie hat und leider häufig einen negativen.

Der Satz »Ich kann Dich nicht riechen!« macht diesen Zusammenhang mehr als deutlich. Während bei Tieren der Geruchssinn oft der wichtigste Sinn überhaupt ist, ist seine Wirkung und Bedeutung beim Menschen durch die Bedeutung des Sehsinnes etwas in den Hintergrund getreten. Wenn wir aber glauben, er würde uns nicht beeinflussen, liegen wir völlig falsch. Geruch spielt eine große Rolle bei der Partnerwahl. Unser Geruchssinn erkennt beispielsweise, ob das Immunsystem des potenziellen Geschlechtspartners sich biochemisch von unserem unterscheidet. Wenn das der Fall ist, finden wir den anderen gleich viel sympathischer. Viele Parfümeure versuchen zudem Sexualduftstoffe in ihren Kreationen zu verarbeiten.

Unser Geruchssinn wirkt auch auf unsere Stimmung ein (siehe Kapitel 6).Wenn die Luft frisch und leicht nach Citrus riecht, fühlen wir uns vitaler und ein sanfter Lavendelduft entspannt uns. Der Geruchssinn hat aber noch eine weitere Aufgabe: Er soll bei Bedarf Ekel- und damit Vermeidungsreaktionen auslösen. Schweißgeruch löst genau diese Reaktion aus. Das große Problem beim Schweißgeruch ist aber, dass wir unseren eigenen Geruch häufig nicht (negativ) wahrnehmen, ihn oft gar nicht bemerken. Das liegt daran, dass sich dieser Geruch über viele Stunden ganz langsam aufbaut und unser Gehirn nur auf deutliche Wahrnehmungsunterschiede reagiert. Zudem hat sich unser Gehirn längst an unseren Eigengeruch gewöhnt. An warmen Tagen oder am Ende des Tages passiert es deshalb immer wieder, dass man mit strenger riechenden Verkäufern konfrontiert wird. Verkäuferinnen passiert das seltener. Frauen haben nämlich einen wesentlich sensibleren Geruchssinn als Männer. Wird ein Kunde mit einem solchen Geruch konfrontiert, wird nicht nur das entstandene Ekelgefühl auf den Verkäufer und seine Argumentation übertragen. Das Unbewusste des Kunden drängt auch zur schnellen Flucht.

Schweißgeruch treibt Kunden in die Flucht.

Abhilfe, so glaubt der Mann, schafft ein starkes Deo. Einfache Geister mögen denken, dass ein penetrant riechendes Deo auch besonders wirksam ist. Manche haben zudem noch die Werbung eines Deo-Herstellers im Kopf, der seine Deos unverhohlen damit bewirbt, sie würden die sexuelle Attraktivität ihres Trägers steigern. Auch hier denkt der einfache Geist: Je stärker, desto attraktiver. Leider ist das Gegenteil der Fall. Was für einen selbst gut und kräftig riecht, ist für den anderen eine Belästigung und ein unerträglicher Gestank! Kein Verkäufer würde es wagen, einen Kunden anzuschreien. Ihn mit seinem Deo aber »anzustinken« macht er häufig, ohne sich darüber Gedanken zu machen. Aus vielen Projekten für die Kosmetikindustrie weiß ich, dass es auch für stark schwitzende Männer hochwirksame und gleichzeitig geruchsneutrale Deos gibt.

Tipp !

Nutzen Sie geruchsarme oder geruchsneutrale Deos.

8 Eine Kundenbeziehung aufbauen: So schaffen Sie Vertrauen

Was Sie in diesem Kapitel erwartet

Vertrauen ist der wichtigste Schmierstoff für einen erfolgreichen Verkauf. Ohne Vertrauen geht nichts. Aber was ist Vertrauen? Wie entsteht Vertrauen im Gehirn und vor allem: Wie gewinnt man schnell und dauerhaft das Vertrauen seiner Kunden? Die Antworten finden Sie in diesem Kapitel.

8.1 Die Bedeutung von Vertrauen in Kaufsituationen

Im letzten Kapitel haben wir schon gesehen: Zu den wichtigsten Aufgaben des Dechiffriersystems für nonverbale Kommunikation im Gehirn gehört die Prüfung, ob man dem anderen vertrauen kann oder nicht. Für erfolgreiches Verkaufen ist der Aufbau einer Vertrauensbeziehung von entscheidender Bedeutung. Für den Kunden ist jeder Kauf ein Risiko. Sein Unbewusstes versucht deshalb alles, um die empfundene Unsicherheit zu reduzieren. Unausgesprochen aber wirkmächtig, geistern viele Risikofragen zugleich durch den Kundenkopf. Einige davon sind:

- Stimmt die versprochene Qualität?
- Stimmt die versprochene Leistung?
- Wird der wichtige Liefertermin eingehalten?
- Komme ich, wie versprochen, mit dem Produkt gut zurecht?
- Ist der Preis fair oder werde ich über den Tisch gezogen?
- Ist das Produkt aktuell oder kaufe ich veraltete Technologie?
- Was passiert, wenn das Produkt kaputtgeht?
- Kann ich dem Verkäufer als Person vertrauen?

Natürlich hätte der Kunde die Möglichkeit, alle Argumente des Verkäufers objektiv zu überprüfen. Er könnte auch bei anderen Kunden recherchieren, ob auch alles stimmt, was behauptet wurde. Es ist aber offensichtlich, dass ein solches Vorgehen einen Kaufakt sehr kompliziert macht und damit dem Wunsch des Kundengehirns nach Einfachheit (siehe Kapitel 1) völlig entgegensteht.

Vereinfachung der Risikokalkulation

Genau diese Vereinfachung der Risikokalkulation ist aber die Funktion von Vertrauen. Vertrauen macht das Kaufen einfacher und sicherer. Viele Ökonomen sind heute zu Recht der Ansicht, dass Vertrauen einer der wichtigsten Erfolgsfaktoren für erfolgreiche Wirtschaftsstandorte ist. Warum sind Wirtschaftsstandorte wie Deutschland, Schweiz, Dänemark, Schweden, Norwegen viel erfolgreicher als Moldawien, Bulgarien, Italien usw.? Zum einen, weil die Rechtsprechung bei Streitigkeiten funktioniert, zum anderen, weil man sich in der Regel auf die Zusagen der Geschäftspartner verlassen kann, ohne permanent Angst haben zu müssen, übers Ohr gehauen zu werden. Beides sind wichtige Voraussetzungen für Vertrauen.

> Erfolgreiche Verkäufer wissen, dass sich Vertrauen für sie mehr als rechnet. Kunden, die ihrem Verkäufer vertrauen, kaufen öfter, kaufen mehr, kaufen schneller und bleiben ihm treu!

Bevor wir uns damit beschäftigen, was wir tun können, um schnell das Vertrauen unseres Kunden zu gewinnen, lohnt es sich, darüber nachzudenken, was Vertrauen überhaupt ist.

8.2 Die drei Säulen des Vertrauens

Die Vertrauensforschung zeigt, dass Vertrauen auf drei Säulen basiert: auf Wohlwollen, Integrität und Kompetenz. Diese Säulen schauen wir uns im Folgenden genauer an.

Säule 1: Wohlwollen und Sympathie
Das Wort Wohlwollen sagt eigentlich genau, um was es geht: »Will mir der andere wohl?« Hier fragt das Kundengehirn: Will er mir helfen? Ist er auf meiner Seite? Kümmert er sich um meine Belange? Man spürt, dass es hier um erwartete Fürsorge geht. Doch damit nicht genug – die Königsdisziplin ist es nämlich, dem Kunden zusätzlich das Gefühl zu geben, dass man ihn mag und sympathisch findet. Für alle Menschen ist es wichtig, zu spüren, dass man geliebt wird. Man spürt schnell, zu welchem Emotionssystem im Gehirn diese Vertrauenssäule gehört. Genau: zum Harmoniesystem, zu dem auch das hier aktive Fürsorge-Modul gehört. Beim »Geliebtwerden« ist häufig aber auch noch ein Schuss Sexualität im Spiel – den der Wunsch sexueller Attraktivität läuft im Hintergrund immer mit. Bleiben wir aber beim Harmoniesystem, denn das ist das Wichtigste.

In Kapitel 7 haben wir schon das Hormon kennengelernt, das zum Harmoniesystem gehört: das Vertrauens- und Kuschelhormon Oxytocin. Was macht nun dieses Hormon genau im Gehirn? Gespeist durch das Balancesystem existiert in unserem Gehirn eine natürliche Angst vor fremden Gesichtern (Misstrauen) und fremden Personen. Diese soziale Angst wird in einem der wichtigsten Bereiche des limbischen Systems, der Amygdala, verarbeitet und ausgelöst. Und genau dort greift Oxytocin ein und vermindert diese Angst und Ablehnung. Aber: Wenn die fremden Gesichter lächeln, schwächt Oxytocin nicht nur die Angst vor dem Fremden ab. Es verstärkt zusätzlich die Merkmale im Gesicht, die mit dem Ausdruck von Nähe und Freude gekoppelt sind. Auf diese Weise werden die negativen Gefühle, die häufig mit Fremden verbunden sind, abgeschwächt und die belohnenden Gefühle verstärkt (insbesondere wenn der Fremde lächelt).

Inzwischen gibt es viele Versuche zum Thema Vertrauen, die mit Oxytocin durchgeführt wurden. Mit Oxytocin lassen sich relativ leicht Versuche machen. Denn diesen Wirkstoff kann man in der Apotheke in Form von Nasensprays kaufen. Mütter, die gerade entbunden haben, nutzen Oxytocin-Sprays, um die Milchproduktion anzukurbeln. Zudem wandert Oxytocin direkt von der Nase ins Gehirn, weil es problemlos die sogenannte Hirnblutschranke passiert. An der Universität in Zürich machten die beiden Forscher Ernst Fehr und Markus Heinrichs folgenden Versuch: Versuchspersonen wurde von einem Versuchsleiter ein Vertrag vorgelegt, den sie lesen und unterschreiben sollten. Nun wurden die Versuchspersonen in zwei Gruppen aufgeteilt. Der einen Gruppe wurde mit einem Spray Wasserdampf in die Nase geblasen, der anderen Gruppe das Vertrauenshormon Oxytocin. Das Ergebnis: Die Versuchspersonen mit Oxytocin in der Nase unterschrieben den Vertrag signifikant häufiger als die Wasserdampfgruppe!

Säule 2: Integrität

Während der Aufbau des Wohlwollens stark über unbewusste nonverbale Kanäle erfolgt, sind an der Integritätsprüfung viel mehr bewusste Verarbeitungsprozesse beteiligt. Für die Einschätzung der Integrität werden vor allem die vergangenen Erfahrungen mit dem Verkäufer und seinem Unternehmen berücksichtigt: Hat er seine Versprechen und Zusagen bisher eingehalten? Hat er mich betrogen? Welche Erfahrungen haben andere mit dem Verkäufer gemacht? Was liest man in der Presse von seinem Unternehmen? Neben diesen Erfahrungen, die meist alle in der Vergangenheit liegen, wird auch das aktuelle Verhalten geprüft: Sind die Konditionen transparent? Sind die Konditionen fair? Werden Termine (zum Beispiel die Angebotsabgabe) eingehalten?

Säule 3: Kompetenz

Auch die dritte Vertrauenssäule, die Kompetenz des Verkäufers, unterliegt in erster Linie einer bewussten Prüfung durch den Kunden. Typische Fragen des Kunden sind zum Beispiel: Hat der Verkäufer einen guten fachlichen Hintergrund? Kann er meine Anwendungsprobleme lösen? Kennt er sich in der Materie gut und profund aus? Ist er ein Experte auf seinem Gebiet? Bringt er mich bei schwierigen Situationen aus der Gefahrenzone?

Die Vertrauenssäulen im emotionalen Gehirn

Wenn wir uns den Aufbau unseres emotionalen Betriebssystems vor Augen führen (vgl. Abb. 25), wird schnell klar, welche emotionalen Systeme unser Vertrauen beeinflussen. Das Wohlwollen hat seinen Ursprung im Harmoniesystem. Die Integrität hat ihr Fundament im Balancesystem. Die Kompetenz dagegen kommt gleichermaßen aus dem Balancesystem (»Er kennt sich aus und hat die Sache unter Kontrolle.«) und aus dem Dominanzsystem (»Er ist ein Profi.« »Er ist der Beste seines Fachs.«).

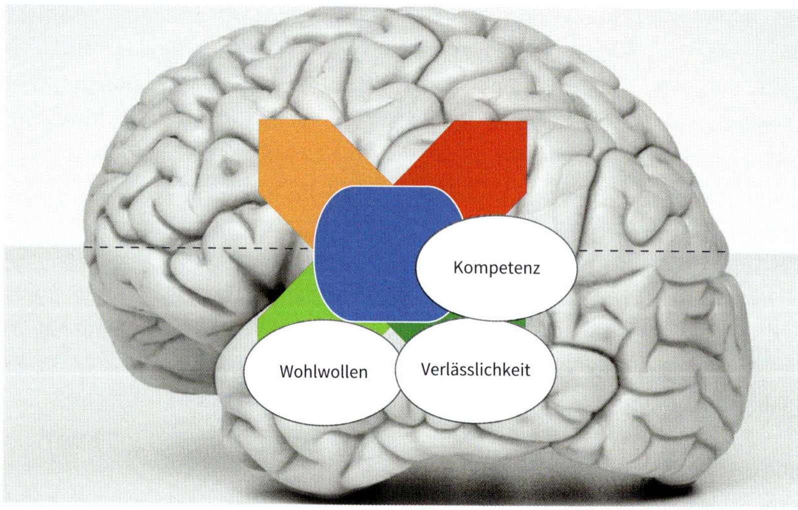

Abb. 25: Die Vertrauenssäulen im emotionalen Gehirn

Unterschiedliche Märkte – unterschiedliche Vertrauensschwerpunkte

Grundsätzlich gilt: Für erfolgreiches Verkaufen sind immer alle drei Vertrauenssäulen gefragt. Aber es ist auch klar, dass ihre Bedeutung bei unterschiedlichen Märkten und Produkten wechselt. Schauen wir uns das einmal anhand eines Beispiels aus dem Finanzbereich an: Für den normalen Kunden einer ländlichen Volksbank-Filiale steht auf Platz eins der Vertrauenswirkung das Wohlwollen des Beraters, auf Platz zwei seine Integrität und auf Platz drei seine Finanzkompetenz. Für die relativ einfachen Anlagen dieser Zielkundschaft ist eine hohe Finanzkompetenz nicht gefragt. Zudem kennen sich die Kunden oft in Finanzsachen nicht gut aus, so dass sie seine Finanzkompetenz häufig nicht angemessen beurteilen können.

Nun wechseln wir von der ländlichen Filiale in die Zentrale der Bank, von der aus das Firmenkundengeschäft, also mittlere bis größere Unternehmen, betreut wird. Auf der Firmenkundenseite trifft der Bankberater auf den Inhaber und den Finanzchef. Bei den oft komplexen Finanzierungsfragen müssen häufig auch komplizierte steuerliche Aspekte geprüft werden. Es wird schnell klar, dass hier die Finanzkompetenz des Beraters auf Platz eins der Vertrauensbildung steht, die Integrität des Beraters und der Bank folgen auf Platz zwei und erst an dritter Stelle kommt das Wohlwollen. Bei einem Verkäufer von Maschinen- oder Softwaresystemen stehen die Vertrauenssäulen oft gleichberechtigt nebeneinander. Im Konsum- und im Gebrauchsgüterbereich steht mit weitem Abstand das Wohlwollen auf Platz eins. Integrität und Kompetenz folgen dann gleichberechtigt auf dem nächsten Platz.

8.3 So beschleunigen Sie den Vertrauensaufbau

Wie man Vertrauen grundsätzlich aufbaut, wird klar, wenn man die unausgesprochenen Risikofragen, die der Kunde stellt, zu seiner Zufriedenheit beantwortet und sich integer und wohlwollend ihm gegenüber verhält. Das ist natürlich mit viel Aufwand und Mühe verbunden und braucht, insbesondere was die Integrität angeht, viel Zeit. Erfolgsorientierte Verkäufer fragen sich, ob es beim Vertrauensaufbau nicht Abkürzungen ins Kundengehirn gibt. Wir haben mit dem Oxytocin-Spray, dessen Anwendung in der Praxis verboten ist, schon einen wirksamen Vertrauensbeschleuniger kennengelernt. Aber vielleicht gibt es auch ein paar legale Tricks, um die Vertrauensknöpfe im Kundengehirn zu drücken? Ja, die gibt es! Und die schauen wir uns jetzt einmal genauer an.

Säule 1: Wie Sie den Vertrauensfaktor »Wohlwollen« verstärken können

Wir haben gesehen, dass der Vertrauensfaktor »Wohlwollen« gemeinsam mit dem positiven Gefühl der Sympathie auch mit dem Abbau der »Fremdenangst« verknüpft ist. Was können wir also tun, dass wir im Unbewussten des Kunden schneller zum Vertrauten werden und diesen besonders wichtigen Vertrauensfaktor »Wohlwollen« verstärken?

Die Macht der sanften Berührung

Bei welchen Berufsgruppen erzählen Menschen fast alles über sich? Es sind Ärzte, Masseure und Friseure. Was haben diese Berufsgruppen gemeinsam? Sie berühren ihre Kunden. Doch was löst eine Berührung im Gehirn aus? Oxytocin! Aber das erklärt nicht das Warum. Wir Menschen haben eine natürliche Scheu vor Fremden. Die Scheu oder die emotionale Nähe, die wir zu anderen Menschen empfinden, drücken wir auch in der körperlichen Distanz bzw. Nähe aus. Menschen, die uns unsympathisch sind, halten wir uns im wahrsten Sinne des Wortes vom Leib. Bei Fremden empfinden wir einen Abstand von ca. 1 bis 1,20 Meter als angenehm. Rückt uns ein Fremder auf die Pelle und kommt auf 60 cm an uns heran, fühlen wir uns bedrängt und unwohl. Aber wer entscheidet, ob der andere ein Fremder oder ein Vertrauter ist? Richtig. Unser Gehirn. Was passiert nun bei einer sanften Berührung? Ohne dass es dem Kunden bewusst ist, wird seinem Gehirn signalisiert: Das ist ein Nahestehender und Vertrauter – und diese Veränderung in der (Kunden-)Beziehung wird durch eine Oxytocin-Ausschüttung umgesetzt. In einem spannenden Versuch bestätigten die beiden Psychologen April Crusco und Christopher Wetzel diese Wirkung. In Restaurants wurden Kellnerinnen in drei Gruppen eingeteilt. Gruppe 1 war angewiesen, die Rechnung wie immer zu übergeben. Gruppe 2 sollte den bezahlenden Gast ganz leicht und fast unmerklich an der Schulter berühren. Gruppe 3 sollte den Gast leicht an der Handfläche berühren. Gemessen wurde dann das Trinkgeld, das jede Gruppe bekam. Gruppe 2 bekam 17 %, Gruppe 3 sogar 31 % mehr Trinkgeld als die Kontrollgruppe ohne Berührung. Wohlgemerkt: Es ging um eine »leichte, fast unmerkliche Berührung«. Denn wenn wir beginnen, unseren Kunden fester zu berühren, kippt der Effekt ins Gegenteil – der Kunde fühlt sich bedrängt!

! **Tipp**

Berühren Sie den Kunden während der Begrüßung sanft am Unterarm oder Handrücken.

Lächeln Sie

Wir haben im vorherigen Kapitel schon über die ungeheure Macht des Lächelns gesprochen. Auch zu diesem Phänomen gibt es Experimente. Die Psychologen Kathi Todd und Joan Lockard gaben Kellnerinnen in einer Cocktailbar vor, ihre Gäste auf verschiedene Art anzulächeln. Kellnerinnen, deren Mund beim Lächeln geschlossen war, bekamen 40 % weniger Trinkgeld als ihre Kolleginnen, die beim Lächeln noch etwas die Zähne zeigten.

! **Tipp**

Lächeln Sie sichtbar bei der Begrüßung (und auch sonst) und zeigen Sie Ihre Zähne.

Betreiben Sie Mimikry

Nichts ist einem so vertraut wie das eigene Selbst. Wenn ich nun vom anderen Signale bekomme, die identisch mit meinen eigenen sind, dann schlüpft der andere unbewusst in mein eigenes Ich und bekommt so mein Vertrauen. Doch wie funktioniert das? Ganz einfach. Betreiben Sie Mimikry. Mimikry bedeutet Nachahmung – sich dem anderen ähnlich machen. Wiederholen Sie beim Gespräch öfter und möglichst in gleichen Worten, was der Kunde geäußert hat. Kopieren Sie seine Gesten. Der niederländische Psychologe Rick B. van Baaren hat in vielen Versuchen gezeigt, dass Mimikry einen starken Einfluss auf den Prozess der Vertrauensbildung hat.

! **Tipp**

Wiederholen Sie öfter und mit den gleichen Worten, was Ihr Kunde gesagt hat.

Stellen Sie sichtbare Ähnlichkeiten her

Eng verwandt mit der Mimikry ist ein weiterer Verstärker des Vertrauensfaktors Wohlwollen: die Ähnlichkeit. Die Psychologie kennt Hunderte von Versuchen, die zeigen, dass Menschen, die sich von anderen in oft nur kleinen Merkmalen unterscheiden, als weniger sympathisch und weniger vertrauenswürdig eingeschätzt werden. Umgekehrt bedeutet das: Je mehr Ähnlichkeit der Kunde zwischen Ihnen und sich entdeckt, desto vertrauenswürdiger wird er Sie empfinden! Ein Beispiel: Junge Frauen sind doppelt so stark bereit, jemanden auf Facebook zum Freund zu erklären, wenn er oder sie am gleichen Tag Geburtstag hat wie sie. Das Gute daran: Dieser Kundenwahrnehmung können wir nachhelfen, indem wir auf Ähnlichkeiten hinweisen oder uns schon im Vorfeld Gedanken dazu machen. Beachten Sie aber auch: Je unähnlicher Sie dem Kunden sind, desto größer ist sein (unbewusstes) Misstrauen. Ähnlichkeitsverstärker sind zum Beispiel:

- ähnliche Herkunft
- gleicher Dialekt
- ähnliches Äußeres (Haarfarbe, Bart, Größe, Geschlecht)
- gemeinsame Hobbys
- gemeinsamer Beruf, gemeinsame Ausbildung
- gleiche Automarke
- gleicher Wohnort
- gemeinsame Bekannte

Tipp !

Stellen Sie im Gespräch möglichst viele Ähnlichkeiten mit Ihrem Kunden her.

Bringen Sie sich in eine »Love-Stellung«

Es geht um die innere Einstellung zu Ihrem Kunden. Wenn Sie ihn nämlich unsympathisch oder arrogant finden, wird Ihre Mimik und Gestik genau dies ausdrücken und ihre kritische Einstellung verraten, ohne dass Ihnen dies bewusst ist. Nur wirklich gute Schauspieler können ihre nonverbalen Signale einigermaßen kontrollieren. Aber: Wir können jeden Menschen immer von zwei entgegengesetzten Seiten betrachten. Wir können zum Beispiel einen Kunden vom Typ »Bewahrer« als engstirnigen und kritischen Erbsenzähler ablehnen. Wir können aber auch seine Konstanz und seine Treue schätzen. Überlegen Sie sich auch, was an Ihrem Kunden spannend und interessant sein könnte, denn wenn das Belohnungssystem im Hirn aktiviert wird, werden damit auch unsere sympathieauslösenden Lachmuskeln aktiviert. Wichtig: Betreiben Sie diese unbewusste Vorprogrammierung einige Minuten, bevor Sie Ihren Kunden treffen.

Tipp !

Betrachten Sie Ihre Kunden immer von der Sonnenseite.

Das liebste Wort Ihres Kunden: sein eigener Name

Welches Wort ist dem Menschen am vertrautesten und welches hört er am liebsten in der Welt. Richtig: den eigenen Namen. Bevor wir auf unseren Kunden und vor allem auch seine Kollegen und Kolleginnen treffen, haben wir uns alle Namen aufgeschrieben und in der Präsentation auch ihren Sitzplätzen zugeordnet.

! **Tipp**

Sprechen Sie Ihren Kunden möglichst häufig mit seinem Namen an.

Gehen Sie mit Ihren Kunden essen

Zu den größten kulturellen Vertrauensbildern zählt das gemeinsame Essen. Gemeinsames Essen dient natürlich der Nahrungsaufnahme, aber das ist das Wenigste. Beim gemeinsamen Essen passiert in unserem Gehirn viel mehr: Essen ist mit Genuss verbunden und unser Gehirn speichert alles als positiv, was im Moment des Genusses anwesend ist. Wenn Ihr Kunde isst, genießt und mit Ihnen lacht, werden Sie, ohne dass es der Kunde selbst bemerkt, gemeinsam mit dem Essen als Belohnungserinnerung abgespeichert. Ihr Anblick allein reicht später aus, um einen kleinen Teil dieser positiven Empfindung zu reaktivieren. Gemeinsames Essen aktiviert aber noch einen anderen tief sitzenden sozialen Mechanismus in unserem Gehirn: das Teilen. Und etwas zu teilen ist in allen Kulturen dieser Welt ein wichtiger Mechanismus zum Aufbau von Freundschaften. Der Jäger teilt seine Beute, der Indianer seine Friedenspfeife und Jesus das Abendmahl. Wenn Sie Ihren Kunden einladen, schenken Sie ihm auch etwas. Denn Geschenke, wir werden es später erfahren, drängen auf Wiedergutmachung. Der letzte Grund, warum ein gemeinsames Essen so vertrauensbildend wirkt, ist offensichtlich: Weil man beim Essen über Gott und die Welt und weniger über das Geschäft spricht, erfahren Sie vom Kunden auch viele persönliche Dinge, die helfen, ihn und seine Wünsche besser kennenzulernen. Das gemeinsame Trinken hat natürlich die gleiche Wirkung – zusätzlich löst Alkohol die Zunge und baut soziale Distanz schnell ab. Gerade das Gespräch über Persönliches, über das Leben, über die Vorlieben und die Familie sind mit die wichtigsten »Vertrauensbilder«. Ein schöner Versuch des amerikanischen Psychologen-Ehepaars Aaron verdeutlicht das. In diesem Versuch wurden gegengeschlechtliche Paare zufällig zusammengestellt. Diese Paare, die sich nicht kannten, erhielten nun die Aufgabe, sich anhand einer Liste gegenseitig die gleichen persönlichen Fragen zu stellen. Beispiel: »Was hast Du am liebsten?« »Was macht Dir am meisten Angst?« usw. Die Fragen wurden jedesmal ein kleines Stück vertraulicher. Der Effekt: Am Ende des Versuches gingen fast alle Paare als dicke Freunde auseinander, viele verliebten sich ineinander und einige heirateten sogar. Gerade Business-Essen sind eine gute Möglichkeit, die sozialen Masken etwas fallen zu lassen und Vertrauen und sogar Freundschaft aufzubauen.

! **Tipp**

Gehen Sie mit Ihren Kunden häufig gemeinsam essen, um eine Vertrauensbeziehung aufzubauen.

Säule 2: Wie Sie den Vertrauensfaktor »Integrität« verstärken können

Der einfachste Weg zu einem guten Vertrauensverhältnis zum Kunden besteht einfach darin, integer zu sein. Wir haben gesehen, dass Integrität viel mit der (positiven) Einschätzung vergangenen Verhaltens zu tun hat. Leider können wir bei Neukunden nicht auf eine gemeinsame Vergangenheit aufbauen. Integrität hat zwei wichtige Aspekte: Ihre persönliche Integrität und die Integrität der Firma, für die Sie unterwegs sind. Beginnen wir mit der Integrität Ihrer Firma.

Lassen Sie andere für sich sprechen

Es gibt keinen Ort auf der Welt, an dem Integrität und Glaubwürdigkeit eine größere Bedeutung haben als im Gerichtssaal. Ist der Richter von der Ehrlichkeit und Glaubwürdigkeit der Aussagen des Angeklagten überzeugt, spricht er ihn frei – ansonsten landet er im Knast. Wenn der Angeklagte jedoch treuherzig seine Unschuld beteuert, dann weiß jeder: Mit allem, was er sagt, will er nur seine eigene Haut retten. Auch beim Verkaufen ist es nicht anders: Alle Argumente, die Sie als Verkäufer anbringen, dienen nur Ihrem eigenen Interesse. Schließlich wollen Sie etwas verkaufen. Schon früh in der Geschichte der Rechtsprechung trifft man auf den Advokaten (lat. »den Herbeigerufenen«). Dieser hat zwei Aufgaben. Er soll auf die formale Richtigkeit des Prozessablaufs achten. Viel wichtiger aber ist seine Aufgabe, für den Angeklagten zu sprechen. Wenn der angeklagte Räuber Schwarz sagt »Ich bin aus tiefstem Herzen ein guter Mann!«, kann er dabei nicht auf große Glaubwürdigkeit hoffen. Wenn aber ein anderer über ihn sagt »Schauen Sie sich Herrn Schwarz genauer an, Sie sehen doch sofort: Das ist ein von Herzen guter Mann!« haben diese Worte des Anwalts auf den Richter und die Schöffen ein völlig anderes Gewicht als die Aussage von Herrn Schwarz. Der Verstand weiß zwar, dass der Anwalt von Herrn Schwarz bezahlt wird. Dem Unbewussten ist das aber egal – es glaubt dem Anwalt wesentlich mehr.

Tipp !

Nutzen Sie zum Vertrauensaufbau weniger die eigenen Werbeaussagen, sondern die Aussagen dritter über Ihr Unternehmen. Das können zum Beispiel Meinungen von anderen Kunden sein, die Ihr Kunde kennt, aber auch Testurteile.

Nutzen Sie den Herdentrieb

In unsicheren und unvertrauten Situationen, wir haben es schon in Kapitel 6.8 gesehen, orientieren wir uns unbewusst am Verhalten anderer. So wird in TV-Comedys das Publikumslachen künstlich eingespielt. Der Effekt: Solche Comedys werden als wesentlich lustiger eingeschätzt als Comedys ohne diese Lacher. Wenn Sie in der Stadt hungrig vor zwei Lokalen stehen und verunsichert darüber nachdenken, welches Sie auswählen sollten, trifft Ihr Unbewusstes für Sie unmerklich die Entscheidung. Sie gehen in das Restaurant, in dem die meisten Gäste sitzen, in das vollere Restaurant. Auch im Verkaufsgespräch steht Ihr Kunde vor dem gleichen Problem: Die Angebote (im Restaurant die Speisekarten) sehen ähnlich aus, aber welchem kann er trauen? Ganz einfach dem, das mehr Menschen vor ihm gewählt haben. Sich an der Mehrheit auszurichten spart Energie beim Denken, macht Entscheidungen schneller und auch sicherer. Dieser Entscheidungs- und Vertrauensmechanismus ist deshalb tief in unserem Gehirn verankert.

! **Tipp**

Zählen Sie namentlich auf, wer Ihr Produkt schon nutzt. Auch Aussagen wie »über eine Million zufriedene Kunden« oder »unser meist verkauftes Produkt« aktivieren den Herdentrieb Ihres Kunden.

Decken Sie einen kleinen Mangel selber auf

Nehmen wir einmal an, Sie würden sich und Ihr Unternehmen nur in Superlativen darstellen. Was passiert dabei im Gehirn Ihres Kunden? Richtig: Es betrachtet Sie und das Ganze als unglaubwürdige Werbesendung. Ihre Glaubwürdigkeit wächst aber sofort, wenn Sie neben all den Vorzügen Ihres Angebots von sich aus auch einen winzig kleinen Nachteil anführen. Natürlich sollte das ein Nachteil sein, der für den Kunden keine Bedeutung hat oder sogar in eine positive Argumentation umgemünzt werden kann. Beispiel: »Manche Kunden sagen, dass bei uns die Klebstoffe zur Verarbeitung unserer Produkte teurer wären als beim Wettbewerber. Das muss ich zugeben: Das stimmt! Aber: Unsere Produkte bieten allerhöchste Sicherheit und da machen wir auch beim Klebstoff niemals Kompromisse.« Oder: »Unsere Montagekosten sind etwas höher als die des Wettbewerbs. Das stimmt. Das liegt daran, dass wir nur geschulte Spezialisten einsetzen und beste Materialien verarbeiten. Aus diesem Grund bekommen Sie bei uns auch eine lebenslange Garantie.«

! **Tipp**

Bauen Sie einen kleinen Mangel in Ihre Verkaufsargumentation ein, den Sie positiv darstellen können.

Säule 3: Wie Sie den Vertrauensfaktor »Kompetenz« verstärken können

Insbesondere im B2B-Sektor spielt die Kompetenz bei der Vertrauenseinschätzung eine sehr wichtige Rolle. Auch hier gilt: Der einfachste Weg besteht immer darin, tatsächlich kompetent zu sein. Aber auch in diesem Bereich kann man durch kleine Tricks etwas nachhelfen.

Nutzen Sie den Autoritätsmechanismus im Gehirn

Seit Urzeiten ist der Menschen ein Hordenwesen und Horden haben immer einen Anführer. Der Anführer ist stark und sagt, wo es langgeht. In unserem Gehirn hat sich im

Laufe der Evolution ein Mechanismus entwickelt, der dafür sorgt, dass wir Anführern und Menschen mit hohem Status fast blind vertrauen und Ihnen folgen (vgl. Kapitel 5). Wie wichtig Anführer aus Sicht der Evolution für uns sind, zeigt ein Blick zu unseren Affen-Kollegen: Affen geben einen Teil ihres Futters dafür ab, dass sie ranghohe Gruppenmitglieder beobachten dürfen!

In unserer heutigen Zeit gibt es viele Anführer, denen allein aufgrund ihres Status' große Kompetenz zugesprochen wird: zum Beispiel Professoren, Politiker, Ärzte, aber auch Stars. Albert Einstein hat dieses Phänomen einmal etwas salopp, aber treffend beschrieben: »Seitdem ich so berühmt bin, wird jeder Furz von mir als Trompetensolo betrachtet.« Deshalb ist es wichtig, dass Sie Ihre große Kompetenz, Ihren besonderen Status inszenieren – allerdings ohne anzugeben. Dazu gibt es viele Möglichkeiten: ein wohlklingender Titel auf der Visitenkarte, der Hinweis auf eine gute Ausbildung, ausgesuchte höherwertige Kleidung und Accessoires (Kugelschreiber, Notizbuch etc.), gute Manieren usw. Oft sind es Kleinigkeiten, die eine große Wirkung haben. Ein schönes Beispiel dafür ist der frühere Vertriebsvorstand von Mercedes und Volkswagen Wolfgang Bernhard. Der Name »Bernhard« signalisiert Durchsetzungsstärke und Kompetenz. Was viele nicht wissen, ist, dass Bernhard nicht der Geburtsname war, der lautete nämlich »Wolfgang Ayerle«. Welche Assoziation löst aber das Wort »Ayerle« aus? »Nett, lieb, harmlos«. Weil er nicht Kindergärtner, sondern Top-Manager werden wollte, hat Wolfgang Ayerle den Geburtsnamen seiner Mutter, nämlich »Bernhard« angenommen. Eine kluge Entscheidung aus Sicht der Psychologie.

Tipp !

Inszenieren Sie Ihre Kompetenz und Ihren herausragenden Status, aber geben Sie nicht damit an.

Nutzen Sie Testimonials – betreiben Sie Namedropping

Einer der wichtigsten Lernmechanismen unseres Gehirns besteht darin, das Verhalten und die Einstellungen anderer zu kopieren. Kinder lernen einen großen Teil ihres Verhaltens durch das Vorbild ihrer Eltern oder von Gleichaltrigen. Besonders schnell werden Verhalten und Einstellungen von solchen Personen übernommen, die einen höheren sozialen Rang als man selbst haben. Denn für die Natur ist die Rechnung einfach: Sozialer Rang ist gleichbedeutend mit Erfolg. Und damit ist klar: Wenn ich erfolgreiches Verhalten kopiere, werde ich auch erfolgreich. Dieser Mechanismus ist auch mit dem Autoritätsmechanismus in unserem Gehirn eng verknüpft. Wir nutzen den Autoritätsmechanismus, indem wir uns selbst inszenieren. Hier geht es darum, dass wir Namen als Referenzen ins Spiel bringen, die eine große Kompetenz und Bekanntheit signalisieren. Beispiele: »Unsere Software wird von führenden Dax-Unternehmen eingesetzt.«, »Unser Produkt wird seit Jahren von der deutschen Fußball-Nationalmannschaft verwendet.«, »Wie Sie wissen, ist die Firma X Weltmarktführer. X setzt unser System seit mehr als zehn Jahren sehr erfolgreich ein.«

! **Tipp**

Lassen Sie im Kundengespräch gezielt »große Namen« fallen, zum Beispiel von angesehenen Geschäftspartnern, mit denen Sie zusammenarbeiten.

Beschäftigen Sie sich im Vorfeld intensiv mit Ihrem Kunden

Wenn Sie erst im Verkaufsgespräch damit beginnen, sich mit den konkreten Fragen Ihres Kunden und den Besonderheiten der Branche zu beschäftigen, haben Sie Ihre Kompetenz weitgehend verspielt. Wenn Sie aber über die Branche, über die Wettbewerber und ihre Lösungen parlieren und zugleich den Status Quo des Kunden mit seinen Problemen beschreiben können, wächst die Ihnen zugesprochene Kompetenz in den Himmel.

> Wer schon vor dem Verkaufsgespräch viel über den Kunden und seine Branche weiß, wird als besonders kompetent angesehen.

Achten Sie auf Ihre nonverbale Kommunikation

Ihre Kompetenz und Autorität wird wesentlich von Ihren nonverbalen Signalen unterstützt. Denn im Unbewussten wird Kompetenz mit Kraft und Stärke gleichgesetzt. Wenn Sie beispielsweise mit leiser und hoher Stimme reden, wenn Ihre Körperhaltung und -spannung so lasch wie ein nasses Spültuch sind, werden Ihre Kunden sich sehr schwer tun, Ihre Kompetenz (unbewusst) anzuerkennen.

! **Tipp**

Modulieren Sie ihre Körpersprache richtig. Achten Sie auf Ihre Körperspannung.

Die oben beschriebenen vertrauensbildenden Maßnahmen begleiten nicht nur das Verkaufsgespräch, sondern den gesamten Kundenkontakt. Besonders wichtig sind sie aber zu Beginn, wenn der Kunde den wichtigen ersten Eindruck von Ihnen gewinnt.

Nun folgt der nächste Schritt in unserem Verkäufertraining: Erfolgreiches Verkaufen basiert darauf, dass wir die Wünsche des Kunden kennen. Und was Kunden wirklich wollen, erfahren wir im folgenden Kapitel.

9 Kaufmotive erkennen: So erfahren Sie, was Ihr Kunde wirklich will

Was Sie in diesem Kapitel erwartet
Wie finden Sie heraus, was Ihr Kunde wirklich will, was seine Kaufmotive sind? Vor allem geht es darum, schlicht zu wissen, was einem der Kunde sagt oder verschweigt. Hier kommt es darauf an, die richtigen Fragen zu stellen. In diesem Kapitel erfahren Sie, wie Sie die wahren Bedürfnisse des Kunden erkennen und verstehen können.

9.1 Die Limbic Map®: Der Motiv- und Werteraum des Menschen

Erfolgreiches Verkaufen bedeutet, dass man mit seinen Produkten und Leistungen die Wünsche und Bedürfnisse seiner Kunden erfüllt und seine Kaufmotive kennt. Und wie erfährt man die Wünsche und Motive des Kunden? In vielen Verkaufsratgebern steht: durch richtiges Fragen.

Das ist nicht falsch, aber leider nur die halbe Wahrheit. Warum: Wenn ich glaube, dass ich durch Fragen die wirklichen Wünsche des Kunden herausfinde, gehe ich unausgesprochen davon aus

- dass der Kunde seine Wünsche hundertprozentig kennt und
- dass er mir seine Wünsche und Bedürfnisse auch offen und ehrlich mitteilt.

Beide Annahmen sind leider oft falsch! Häufig kennt der Kunde seine unbewussten Kaufantriebe selbst nicht. Und auch wenn er sie kennt, möchte er sie Ihnen aus verschiedensten Gründen vielleicht lieber verschweigen. Bevor wir uns aber auf die Suche nach unbewussten und unausgesprochenen Kaufmotiven begeben, müssen wir unseren Verkaufswerkzeugkasten durch ein wichtiges Instrument der Motivanalyse erweitern: die Limbic Map®.

Im ersten Kapitel haben wir unser emotionales Betriebssystem im Gehirn schon kennengelernt. Um aber die ganze innere Logik unserer Emotionssysteme zu verstehen, müssen wir noch einen weiteren Schritt gehen. Dabei ist die Limbic Map® hilfreich (siehe Abb. 26). Mit der Limbic Map® lässt sich der vollständige Emotions- und Motivraum des Menschen darstellen. Zunächst sehen wir das Grundgerüst unserer Emotionssysteme, das aus den »Big 3« Balance, Stimulanz und Dominanz besteht. In der Ellipse ist die Sexualität abgebildet, die eng mit den Emotionssystemen verbunden ist. Die männliche Sexualität hat eine starke Verknüpfung im Gehirn mit dem Dominanzsystem, die weibliche Sexualität mit dem Bindungs- und Fürsorgesystem. Bindung und Fürsorge (Harmonie) sind auch für das Balancesystem charakteristisch. Im

Gehirn gibt es noch kleinere Emotionsmodule wie den Spiel- und Jagdtrieb und insbesondere bei Jungs die Lust am Raufen (vgl. ebenfalls Abb. 26), die uns aber nicht weiter interessieren.

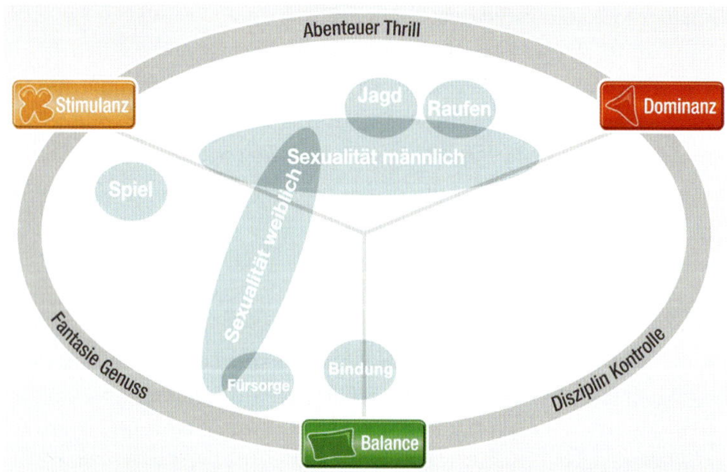

Abb. 26: Die Limbic Map®: Der Emotionsraum im Gehirn

Unsere Emotionssysteme sind stets zeitgleich aktiv und aus diesem Grund gibt es auch Mischungen bzw. Kombinationen zwischen den einzelnen Systemen:

- **Abenteuer/Thrill:** Beginnen wir mit der Mischung von Dominanz und Stimulanz. Diese Mischung nennen wir Abenteuer/Thrill. Warum? Die psychologische Erklärung für die Abenteuerlust ist relativ einfach. Auf der einen Seite will man über sich selbst hinauswachsen und sich beweisen (= Dominanz). Auf der anderen Seite möchte man Neues entdecken (= Stimulanz).
- **Fantasie/Genuss:** Weiter geht's zur nächsten Mischung, nämlich der zwischen Balance und Stimulanz. Diese nennen wir Fantasie bzw. (sanfter) Genuss. Das Stimulanzsystem motiviert dazu, aktiv nach Neuem und nach unbekannten Genüssen zu suchen, das Balancesystem bremst dabei. Aus der aktiven Suche nach Neuem wird eher ein passives und offenes »Auf-sich-zukommen-lassen«, ein Träumen und Fantasieren.
- **Disziplin/Kontrolle:** Bleibt noch die letzte Mischung, nämlich die zwischen Balance und Dominanz. Diese nennen wir Disziplin und Kontrolle. Warum? Das Balancesystem fordert, dass alles seine Ordnung hat und stabil bleibt, sich möglichst nichts verändert. Das Dominanzsystem dagegen möchte das Geschehen regeln. Genau das aber ist die Psychologie der Kontrolle: Alles muss konstant und berechenbar sein (Balance), zugleich möchte man aber selbst die Spielregeln bestimmen und das Ruder fest in der Hand halten (Dominanz).

Nun haben wir den Emotionsraum aufgebaut. Gehen wir jetzt zum nächsten Schritt: den Werten. Was sind Werte? Als Werte bezeichnen wir erstrebenswerte Eigenschaften eines Objektes, eines Verhaltens oder einer Idee. Menschen haben Werte wie zum Beispiel »Zuverlässigkeit«, »Familie« usw. Das Wort »erstrebenswert« lässt erahnen, wohin die Reise geht. Das, was erstrebenswert ist, sagen uns unsere Emotionssysteme. Was haben Werte mit Emotionen zu tun? Um dieser Frage nachzugehen, möchte ich Sie zu zwei kleinen Gedankenexperimenten einladen. Ein kleiner Tipp: Denken Sie nicht lange nach, wenn Sie die Experimente durchspielen. Verlassen Sie sich einfach auf Ihr Bauchgefühl.

- **Experiment 1:** Ich nenne Ihnen nun vier Werte: Kreativität, Zuverlässigkeit, Neugier, Qualität. Je zwei dieser Begriffe passen besonders gut zusammen. Welche sind das? Wir spüren sofort, was zusammenpasst und was nicht. Kreativität gehört zu Neugier und Zuverlässigkeit zu Qualität.
- **Experiment 2:** Nun folgen vier weitere Werte. Lassen Sie diese Begriffe kurz auf sich (besser: auf Ihr Gefühl) einwirken: Sinnlichkeit, Zuverlässigkeit, Präzision, Mut. Ordnen Sie diese Begriffe nun auf der Limbic Map® in Abbildung 26 dort ein, wo sie Ihrer Ansicht nach hingehören.

In Abbildung 27 sehen Sie, an welchen Stellen in den Emotionssystemen der Limbic Map® alle Werte ihren Platz haben.

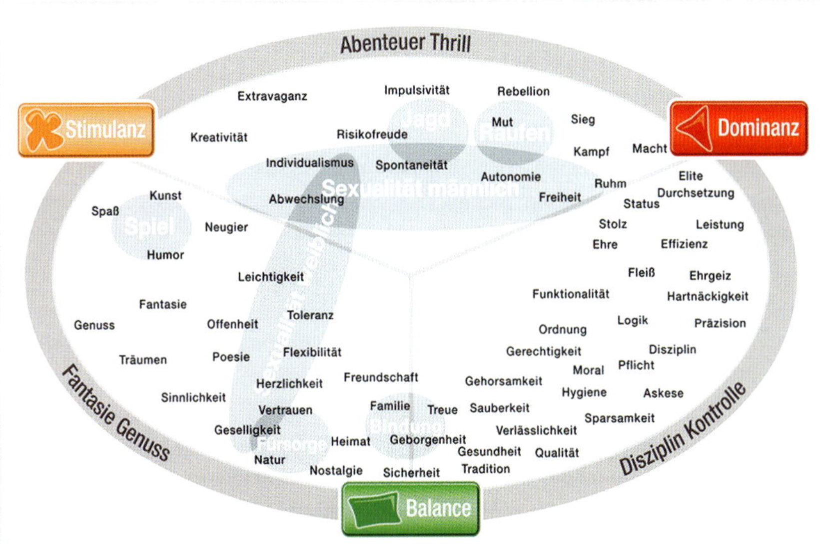

Abb. 27: Die Limbic Map® – Werte im Emotionsraum

Warum sind die beiden Gedankenexperimente relativ einfach zu lösen? Wir unterschätzen häufig, dass Werte immer eine emotionale Komponente haben. Und diese Gefühle sind es, die Sie sicher zur richtigen Lösung geführt haben. Im Experiment 1 spürt man die gemeinsame Kraft zwischen Neugier und Kreativität: Das ist das Stimulanzsystem. Dasselbe gilt für Zuverlässigkeit und Qualität. Hier ist das Balancesystem der Treiber. Bei der Einordnung der vier Begriffe auf der Limbic Map® braucht man sicher etwas mehr Zeit. Aber auch hier ist die Lösung mit kleineren Abweichungen spürbar. Man spürt instinktiv: »Sinnlichkeit« hat auf keinen Fall etwas mit Disziplin/Kontrolle zu tun und passt viel besser zu den Bereichen Fantasie/Genuss. Genau gegenteilig wirkt »Präzision«. Vor dem inneren Auge taucht möglicherweise ein Uhrwerk oder eine Maschine auf. Alles ist berechnet, nichts dem Zufall überlassen. Ähnliche Gegensätze fühlt man auch bei »Verlässlichkeit« und »Mut«. Man spürt, wie »Verlässlichkeit« zum Balance-Pol tendiert und »Mut« hin zum Pol Abenteuer/Thrill. Offensichtlich haben auch Werte einen relativ genau bestimmbaren Platz im Gehirn!

Warum Kunden Autos kaufen

Nachdem wir die Limbic Map® kennengelernt haben, schauen wir uns am Beispiel eines Autokaufs an, wie die Limbic Map® in der Praxis funktioniert. Nehmen wir an, Sie wären Autoverkäufer und in Ihren Verkaufsraum tritt ein ca. 35-jähriger Mann, der sich für ein Auto, genauer eine Limousine, interessiert. Überlegen Sie kurz, was die wichtigsten Motive sind, die den Autokauf beeinflussen. Wenn Sie Kunden nach ihren Motiven fragen, werden Sie etwa folgende Antworten bekommen:

- »Ich möchte mobiler und unabhängiger sein.«
- »Ich will ein sicheres Auto.«
- »Ich will ein komfortables Auto.«
- »Ich will ein wirtschaftliches Auto.«
- »Ich will ein Auto mit viel PS.«
- »Ich will ein Auto, mit dem ich in den Kurven viel Spaß habe.«
- »Ich will ein Auto mit bester Technik.«
- »Ich will ein innovatives Auto.«
- »Ich will ein umweltfreundliches Auto.«

Nachdem wir die Motive in Erfahrung gebracht haben, können wir sie auf der Limbic Map® platzieren (vgl. Abb. 28).

Der Wunsch nach Mobilität kommt aus dem Stimulanz- und Dominanzsystem (Freiheit, Entdecken, Autonomie). Das Motiv »Sicherheit« (Stichwort: sicheres Auto) hat seinen Ursprung im Balancesystem, Wirtschaftlichkeit kommt aus dem Bereich »Kontrolle« usw. Die Limbic Map® zeigt, wo diese Motive im Gehirn verortet sind. Hier handelt es sich um bewusste Motive, denen Sie durch Fragen auf die Spur kommen. Um die Kundenmotive noch besser zu verstehen, können Sie auch vertiefende Nachfragen stellen. Wenn der Kunde zum Beispiel fragt »Ist dieses Auto auch sicher?«, könnten Sie nachfragen »Warum ist Ihnen Sicherheit wichtig?« Eine mögliche Antwort: »Das Auto wird auch von meiner Frau gefahren und wir haben zwei kleine Kinder. Meine Frau legt großen Wert auf Sicherheit.«

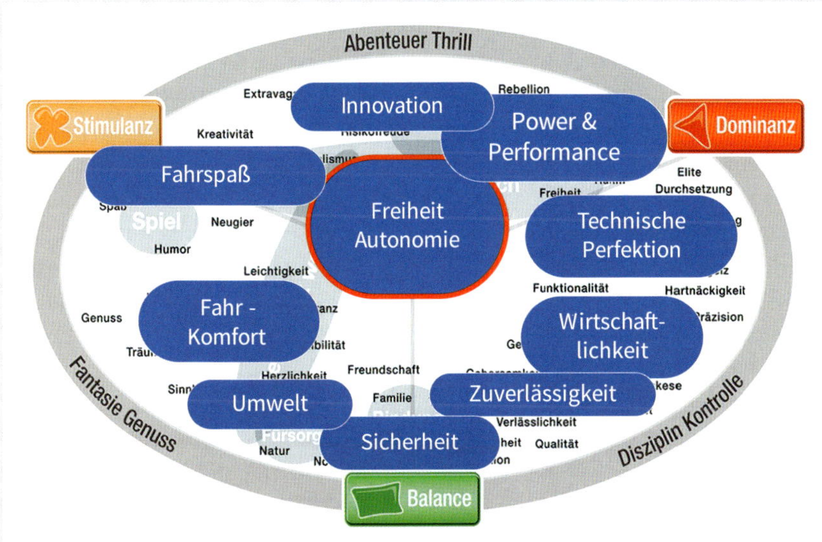

Abb. 28: Motive für den Autokauf

Kaufmotive, über die der Kunde nicht so gerne spricht

Jetzt wissen Sie, dass Sicherheit ein wichtiges Kaufmotiv ist. Sie können zudem diejenigen Sicherheitsmerkmale besonders hervorheben, die für den Kinderschutz eine große Bedeutung haben. Haben Sie die wichtigsten Kaufmotive Ihres Kunden erfasst? Nein. Denn der Kunde hat bisher nur über die Wünsche seiner Frau gesprochen, nicht aber über seine eigenen. Deswegen sollten Sie noch weiter nachfragen: »Sicherheit ist für Ihre Frau und für Sie ganz wichtig. Gibt es auch Dinge, die für Sie persönlich eine große Bedeutung haben?« Wenn Sie Glück haben, wird Ihnen der Kunde sagen: »Ja, ich hätte gerne einen starken und drehfreudigen Motor.« Aber sehr oft möchte Ihr Kunde Ihnen dieses Kaufmotiv nicht verraten. Warum?

Die Bedeutung von sozialen Motiven

Es gibt in unserer Kultur unausgesprochene Normen und Werte, die vorgeben, was man sagen darf und was nicht. Man spricht hier von der sozialen Erwünschtheit. Wir haben bereits einige Kaufmotive herausgearbeitet. Aber das sind längst nicht alle Motive: Autos, Mode, Einrichtungsgegenstände, Wein, Urlaube usw. werden nicht nur für einen selbst gekauft. Sie werden auch gekauft, um Freunde, Arbeitskollegen oder Nachbarn zu beeindrucken. Der Mensch ist ein soziales Wesen und Produkte helfen ihm, seine Stellung in der Gruppe oder in der Gesellschaft auszudrücken.

Aus unseren Emotionssystemen kommen drei große Sozialmotive. Diese Sozialmotive sagen, was wir mit den Produkten gegenüber unseren Mitmenschen aussagen wollen:

- Das **Zugehörigkeitsmotiv** (Ursprung: Balance und Harmonie) will Produkte, mit denen wir nicht auffallen, sondern selbst so sind, wie alle um uns herum. Beispiele: Reihenhäuser und Massenprodukte, die alle gleich aussehen.
- Das **Individualitätsmotiv** (Ursprung: Stimulanz) will dagegen Produkte, mit denen wir auffallen und zeigen, dass wir ganz anders sind als die breite, langweilige Masse. Beispiele: neue Mode, ungewöhnliches Design und neueste Technik.
- Das **Statusmotiv** (Ursprung: Dominanz) will Produkte, mit denen wir zeigen, dass wir besser sind als die anderen, dass wir reich und mächtig sind. Beispiele: Teure Uhren, teure Autos und teurer Schmuck. Bei Statusmotiven handelt es sich in der Regel um egoistische Motive.

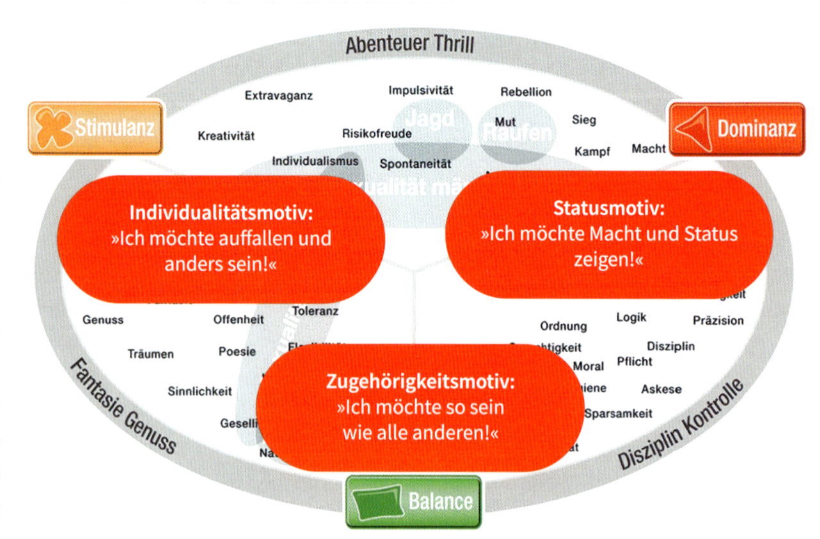

Abb. 29: Die drei großen Sozialmotive

Soziale Motive sind oft extrem wichtige Kaufmotive. Unser Mann beim Autokauf hat nur einen Wunsch: Das Auto soll in seiner Straße und bei Kollegen großen Eindruck machen (Statusmotiv). Glauben Sie wirklich, dass er dem Autoverkäufer gegenüber diesen Wunsch äußert? In unserer christlichen Neid- und Konsenskultur darf man über solche Wünsche nicht sprechen!

Insbesondere Status- und Individualitätsmotive sind wichtige Kauftreiber. Allerdings spricht der Kunde nicht gerne darüber. Das sollten Sie in Ihrer Verkaufstätigkeit berücksichtigen.

Die unbewussten Kundenmotive

Über Status- und Individualitätsmotive spricht der Kunde nicht. Es gibt aber auch Kaufmotive, die dem Kunden selbst nicht bewusst sind und trotzdem einen extrem großen Einfluss auf ihn haben. Wenn wir auf die Limbic Map® in Abbildung 27 schauen, sehen wir, dass die männliche Sexualität im Gehirn eng mit dem Dominanzsystem, die weibliche Sexualität mit dem Harmoniesystem verknüpft ist. Konkret bedeutet dies, dass hinter vielen Kaufwünschen die Sexualität als wichtiger Kauftreiber steht, auch wenn dies für den Kunden selbst oft nicht erkennbar ist. Und wenn unser Autokäufer ein leistungsstarkes und prestigeträchtiges Auto haben möchte (Dominanz), dann spricht, ohne dass er es selbst merkt, auch sein Sexualsystem ein gewichtiges Wort mit. Mit dem Auto demonstriert er nämlich seine Potenz und seinen besonderen Status. Und damit möchte er unbewusst eine Sexualpartnerin anlocken. Status und Potenz gehören zu den wichtigsten Sexuallockstoffen für Männer. Schauen Sie einmal unter dieser Perspektive Heirats- oder Partnerschaftsanzeigen von Männern an: In über 60 % werden Sie Formulierungen finden wie: »erfolgreicher Unternehmer«, »finanziell unabhängiger höherer Beamter« usw. Natürlich gibt es diese unbewussten Sexualitätsmotive auch bei Frauen. Hier spielt die Verknüpfung der Sexualität mit dem Stimulanz- und dem Harmoniesystem eine große Rolle. Wenn Frauen eine extravagante Bluse kaufen, wollen Sie nicht nur Individualität beweisen. Sie wollen durch Schönheit die Blicke und das Interesse von Männern auf sich ziehen. Denken Sie daran: Viele Produkte werden gekauft, weil starke sexuelle Motive im Hintergrund wirksam sind.

Die drei Motivebenen im Konsumbereich

Gute Verkäufer im Konsum- und Gebrauchsgüterbereich denken immer in den drei Motivebenen, die wir gerade kennengelernt haben:

- **Bewusste und funktionale Motive**, über die der Kunde spricht und die man durch Nachfragen noch besser kennenlernen kann.
- **Soziale Motive**, die dem Kunden besonders wichtig sind, die er selbst aber meist nicht anspricht.
- **Sexuelle Motive**, die dem Kunden oft selbst nicht bewusst sind und über die er auch, wenn er sie kennt, nicht spricht.

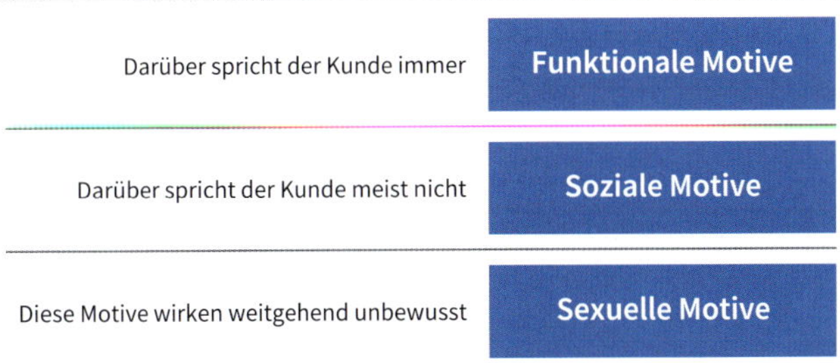

Abb. 30: Die Struktur der Kaufmotive im Konsum- und Gebrauchsgüterbereich

Abbildung 30 zeigt die Struktur der Kaufmotive im Konsum- und Gebrauchsgüterbereich.

! **Tipp**

Orientieren Sie sich bei der Ergründung von Kundenmotiven an den drei Motivebenen: bewusste und funktionale Motive, soziale Motive und sexuelle Motive.

9.2 Die unausgesprochenen Kaufmotive im B2B-Bereich

Kommen wir zum B2B-Geschäft, in dem Kaufentscheidungen angeblich immer rational und bewusst ablaufen. Ist das wirklich so? Natürlich nicht. Ein kleines Beispiel soll das verdeutlichen. Ein Hersteller von Profi-Schlagbohrmaschinen beauftragte mich mit einer Untersuchung. Er wollte wissen, warum seine Produkte im Vergleich zu seinem Schweizer Konkurrenten für die Profis weniger attraktiv waren. Vor meinem Engagement wurden Kunden nach der herkömmlichen Methode befragt, Leistungsdaten verglichen usw. Auf dieser Ebene zeigten sich kaum Unterschiede. Im Gegenteil: Die Produkte meines Auftraggebers waren oft sogar besser.

Ich wurde deshalb beauftragt, weil ich Befragungsmethoden entwickelt habe, die Erkenntnisse aus der Hirnforschung mit tiefenpsychologischen Einsichten verknüpfen. Auf diese Weise werden die wahren Kaufmotive sichtbar: Die Produkte des Schweizer Herstellers waren für die Profis natürlich auch Werkzeuge. Sie waren aber noch sehr viel mehr: Potenz- und Sexualbeweise. Die Schlagbohrmaschinen waren Phallussymbole. Mit ihnen war das Gefühl verbunden, ein echter Profi, ein starker und potenter Kerl zu sein, der sich einfach nimmt, was ihm zusteht.

> Auch im B2B-Bereich wird der Kunde von Kaufmotiven angetrieben, die ihm oft selbst nicht bewusst sind oder über die er nicht spricht.

Die Ego-Motive im B2B-Bereich

Jeder Mensch hat egoistische Motive (Dominanz). Das ist auch gut so, denn sonst könnte er im permanenten Wettbewerb der Evolution nicht überleben. Nur: Egoismus ist in unserer Konsensgesellschaft verpönt und in einem Unternehmen müssen alle so tun, als hätten sie nur ein Ziel im Kopf – das Wohl des Unternehmens. Das kann schon der Fall sein. Aber meist nur dann, wenn sich die Ziele des Unternehmens mit den eigenen persönlichen Zielen decken. Der Verkäufer, der im Kundengespräch zum Beispiel mit dem IT-Leiter durch kompetente Fragen herausarbeitet, welche Effizienzvorteile die Software für das Unternehmen bringt, hat zweifellos einen guten Job gemacht. Aber er hat noch nicht alle wichtigen Kauf- und – ebenso wichtig – Kaufverhinderungsmotive erkannt. Wenn der IT-Leiter nämlich der Hauptentscheider ist, ist es für den Verkäufer immer wichtig, sich zunächst zu überlegen, welche Vor- und Nachteile die Einführung der neuen Software für den IT-Leiter ganz persönlich hat.

Wenn die Umstellung für ihn mit großem persönlichen Aufwand und der Gefahr von Ärger verbunden ist, weil etwas nicht klappt, wird der IT-Leiter seine Bequemlichkeit und seine Ängste dem Verkäufer gegenüber niemals zugeben: Diese sind es aber, die den Kauf verhindern. Da kann die Software noch so nützlich für das Unternehmen sein.

Ich erinnere mich auch noch gut an ein anderes Beispiel. Ich begleitete als Berater und Psychologe ein Unternehmen bei der Entwicklung einer neuen Kommunikationsstrategie. Eine Werbeagentur stellte ein Kommunikationskonzept vor, das auch die Neuen Medien sehr intelligent einsetzte. Der Vorschlag einer anderen Agentur baute auf die klassischen Kanäle und schlug insbesondere TV-Spots vor. Aus meiner Sicht war die Kampagne der ersten Agentur viel besser und effizienter. Der Marketingchef setzte aber die zweite Agentur durch. Warum? Er war ein sehr eitler Mensch, und seinen Freunden stolz zu zeigen, dass »seine« Kampagne im Fernsehen lief, war ihm wichtiger als das Wohl und die Ziele des Unternehmens. Häufig sind es auch Freundschaften oder Abhängigkeiten, die einen Entscheider ein Angebot ablehnen lassen, obwohl es viel besser als die bestehende Lösung ist.

Bei der Analyse und Ansprache der Kaufgründe ist die wichtigste Frage deshalb nicht: Was hat das Unternehmen davon? Sondern: Welchen Nutzen bzw. welche Nachteile hat mein Angebot für den Entscheider? Weiter unten im Kapitel werden wir einige Fragetechniken kennenlernen, um zumindest einen kleinen Einblick in diese verborgene Motivwelt zu bekommen.

Tipp !

Fragen Sie sich immer: Was hat mein Gesprächspartner im B2B-Geschäft ganz persönlich davon, wenn er mein Angebot (nicht) annimmt?

Die Belohnung des Gesprächspartners steuert sein Interesse

Neben den gerade angesprochenen egoistischen Motiven gibt es noch eine weitere Motivebene, die wir berücksichtigen müssen und die unsere Argumentation lenkt. Die Frage nämlich, welche Funktion unser Entscheider hat, welche Ziele damit verbunden sind und, ganz besonders wichtig, für was genau er mit seinem Gehalt belohnt wird? Vor allem der letzte Aspekt ist von besonderer Bedeutung: Es zeigt sich nämlich, dass Menschen sich vor allem darum kümmern, wofür Sie belohnt werden!

Ein kleines Beispiel soll diesen Zusammenhang verdeutlichen: Ein Unternehmen möchte von Ihnen eine computergesteuerte große Werkzeugmaschine kaufen. Da die Investition sehr umfangreich ist, sitzen bei Ihrer Präsentation mehrere Entscheidungsträger mit am Tisch: der Geschäftsführer, der Leiter Produktion, der Leiter Finanzen und der Leiter Einkauf. Alle vier werden für sehr unterschiedliche Dinge in ihren Verträgen belohnt und diese Belohnung steuert auch, für was sie sich wirklich interessieren (was sie natürlich so nicht zugeben würden):

- Der **Geschäftsführer** hat das Interesse, dass das Unternehmen seine Wettbewerbsfähigkeit und seinen Umsatz steigert. Dafür wird er auch bezahlt und seine variable Vergütung ist genau so angelegt: Wachstum wird belohnt. Er beurteilt die Maschine danach, ob sie ihm hilft seine Ziele als Geschäftsführer zu erreichen und die versprochene variable Vergütung zu erreichen.
- Der **Leiter Finanzen** hat das Interesse, dass die Firma genug Liquidität hat und der Gewinn stimmt. Dafür wird er auch bezahlt. Aus diesem Grund ist ihm die Technik der Werkzeugmaschine völlig egal. Er betrachtet sie als eine Finanzanlage. Wenn Sie ihm also mit leuchtenden Augen erzählen, was für ein technisches Wunderwerk Ihre Maschine ist, wird ihn das völlig kalt lassen. Ihn werden sie aber begeistern, wenn Sie eine Finanzrechnung mit einer Life-Cycle-Kostenrechnung in petto haben.
- Für den **Produktionsleiter** spielt der Finanzkram keine Rolle: Er will wissen, wie schnell und einfach Ihre Kiste in den Produktionsprozess zu integrieren ist, welchen Ärger er dabei zu erwarten hat und ob die Produktion dadurch schneller und einfacher wird. Dafür wird er bezahlt und belohnt. Ob die Kiste dem Unternehmen einen Wettbewerbsvorteil verschafft, interessiert ihn nur am Rande.
- Dem **Leiter Einkauf** dagegen sind alle obigen Argumente völlig egal. Ihn interessiert nur der konkrete Preis (nicht die Wirtschaftlichkeitsrechnung) und der Rabatt, den Sie ihm anbieten. Wenn es ihm gelingt, Ihren hohen Preis erheblich zu reduzieren, füllt sich am Ende des Jahres seine Gehaltstüte! Vielleicht tut er in der Sitzung so, als ob ihn die anderen Argumente auch interessieren. In der Regel schaut er aber nur auf das, für was er belohnt wird.

! **Tipp**

Überlegen Sie, wofür Ihr Gesprächspartner auf Kundenseite belohnt wird, und richten Sie Ihre Argumente danach aus.

9.3 Die Kunst, hirngerecht zu fragen

Wir haben gesehen, wie vielschichtig die tatsächlichen Kaufmotive sein können und welch gewaltigen Einfluss diese weniger bewussten oder unausgesprochenen Motive auf den Kauf haben können. Gleichzeitig ist es eine Binsenweisheit, dass wir den Kunden umso besser überzeugen können, je mehr wir von ihm und seinen Wünschen und Bedürfnissen wissen, um unser Angebot darauf auszurichten. Doch wie finden wir einen Weg, möglichst viel von dem zu erfahren, was im Kopf unseres Kunden tatsächlich vorgeht? Viele Verkaufstrainer raten jetzt dazu, das Zuhören und die Sensibilität für die feinen Signale, die wir schon in Kapitel 7 kennengelernt haben, zu verbessern und zu schärfen. Damit haben sie Recht. Denn ein Verkäufer, der permanent auf

Sendung ist, empfängt wenig Information. Deswegen ist empathisches Zuhören eine wichtige Voraussetzung. Aber die größte Zuhörbereitschaft nützt wenig, wenn uns der Kunde nichts sagt. Also müssen wir den Kunden zum Sprechen bringen und möglichst viel von dem, was ihn wirklich bewegt und was ihm wichtig ist, aus ihm herauslocken. Wie machen wir das? Indem wir ihn fragen! Aber richtig zu fragen will gelernt sein. Angenommen, Sie sind Verkäufer in einem Reisebüro für Urlaubsreisen und ein Kunde kommt herein. Wie fragen Sie nun, um möglichst viel aus dem Kunden herauszubekommen? Wie beginnen Sie Ihre Befragung?

Schauen wir uns zunächst an, wie Sie Ihre Befragung **auf keinen Fall** beginnen sollten. Manche der folgenden Überlegungen gehören zum Verkäufergrundwissen, aber Wiederholungen können ja nichts schaden.

Ganz schlecht: Ja/Nein-Fragen

Nehmen Sie an, Sie stellen als Reiseverkäufer zu Beginn des Gesprächs die Frage: »Haben Sie schon eine Idee, wo Sie hinwollen?« Die Antwort des Kunden: »Nein. Deshalb bin ich ja da.« Fragen, die man nur mit Ja oder Nein beantworten kann, nennt man geschlossene Fragen. Das sind die allerdümmsten, die man für die Gesprächseröffnung auf keinen Fall verwenden sollte.

Tipp !

Beginnen Sie eine Kundenbefragung niemals mit geschlossenen Fragen.

Schlecht: Alternativfragen

Auch Alternativfragen sind nicht zu empfehlen: »Wollen Sie lieber in den warmen Süden oder in den Norden? Auch durch diese Frageform wird der Spielraum des Kunden extrem eingeschränkt.

Tipp !

Hüten Sie sich am Anfang des Kundengesprächs vor Alternativfragen.

Mittelschlecht: dumme offene Fragen

In vielen Ratgebern zum Verkaufstraining steht, dass offene Fragen viel besser sind als geschlossene Fragen. Offene Fragen beginnen mit einem »W«: »Was« »Wer« »Wo« »Wozu« »Weshalb« »Wie« und »Warum«. W-Fragen haben den Vorteil, dass Sie mit ihnen mehr Information aus Ihrem Kunden herauslocken können. Die Nutzung von W-Fragen ist schon besser, aber auch hier gibt es eine Reihe von eher mittelmäßigen bis dummen W-Fragen. Einige schauen wir uns nun an. Wohlgemerkt: Wir sind am Anfang des Kundengesprächs. Wir beginnen mit der dümmsten aller W-Fragen, die Frage nach dem Preis.

Dumm: Fragen nach dem Preis, den der Kunde ausgeben will
»Was wollen Sie für Ihre Reise in etwa ausgeben?« Warum ist das die dümmste aller W-Fragen? Dafür gibt es zwei Gründe. Erstens: Sie haben mit der Antwort schon ein Preislimit und damit einen Hirnanker gesetzt, von dem Sie nachher nur noch schwer loskommen. Dieser Preis steht als Fixpunkt im Raum. Alle Chancen, dem Kunden eine schönere und etwas teurere Reise zu verkaufen, haben Sie damit fast schon zunichtegemacht. Zweitens: Sie haben von »Geld ausgeben« gesprochen. Die Trennung von Geld ist aber für das Kundengehirn ein extrem schmerzhafter Prozess. Sie haben das Kundengehirn mit einer einzigen Frage in eine negative Stimmung befördert. Erinnern Sie sich noch an Kapitel 5, wie wichtig eine gute Stimmung für einen erfolgreichen Verkauf ist?

! **Tipp**

Fragen Sie Ihren Kunden zu Beginn des Verkaufsgesprächs niemals, was er ausgeben möchte.

Noch nicht gut: unspezifische offene Fragen
Unspezifische Fragen lauten in etwa so »An was für eine Reise haben Sie denn gedacht?« Natürlich werden Sie einige Hinweise zu den Vorstellungen des Kunden bekommen, aber genau erfahren, was den Kunden glücklich macht, werden Sie mit diesem Vorgehen nicht. Er wird eher antworten: »An eine Flugreise in den Süden.« oder »An eine Pauschalreise, in der alles drin ist.«

Wir sehen zwar, dass Fragen immer besser werden, je offener sie sind. Aber ideal sind offene Fragen nicht. Warum? Weil sie nicht in die tieferen Schichten des Unbewussten Ihres Kunden hineinreichen und sie Ihnen zudem wichtige Verkaufschancen verbauen, weil das Spielfeld zu eng gefasst wurde. Aber wie fragt man richtig?

9.4 Zauberfragen: Fragen Sie Ihren Kunden in den Gute-Laune-Modus!

Wir haben in Kapitel 5 gesehen, dass gute Stimmung Herz und Hirn des Kunden öffnet. Ist Ihr Kunde im Gute-Laune-Modus, erzählt er Ihnen mehr von sich und seinen Wünschen. Es kommt also mehr aus ihm heraus. Gleichzeitig ist er aber auch offener für Ihre Argumente und lässt mehr in sein Kaufhirn hinein. Deswegen sind Fragen, die auch nur eine leichte Tendenz haben, miese Stimmung im Kundengehirn zu erzeugen, Gift. Fragen, die ein Nein auslösen oder mit Geldausgeben verbunden sind, führen aber genau dazu. Wie könnte aber eine Frage unseres Reiseverkäufers aussehen, die das Kundengehirn in gute Laune versetzt? Eine solche Zauberfrage könnte so lauten:

Verkäuferin: »Stellen Sie sich vor, Sie wären im Urlaub. Wie sähe ein für sie glücklicher und gelungener Urlaubstag vom Frühstück bis zum Schlafengehen aus?«

Merken Sie den Unterschied zu den vorherigen Fragen? Während zuvor die Reise als Objekt abgefragt wurde, versetzen wir den Kunden durch diese Frage in seine Wunschwelt und seine Träume. Dieser Traum war ja sein Auslöser, zu Ihnen ins Reisebüro zu kommen. In seiner Phantasie ist er nun im Urlaub und er erzählt Ihnen jetzt, was er gerne erleben möchte. Die Antwort könnte bei einer Reisebürokundin verkürzt etwa so lauten:

Kundin: »Ich stehe auf und gehe vor dem Frühstück gleich ins Meer zum Baden, dann setze ich mich auf die Hotelterrasse und genieße mein Frühstück. Nach dem Frühstück möchte ich gern etwas erleben und einen kleinen Ausflug in einer kleinen netten Gruppe machen. Mich interessieren immer besonders die Kultur und die Geschichte des Landes, in dem ich Urlaub mache. Am Nachmittag freue ich mich auf den Liegestuhl am Strand und ein gutes Buch. Am Abend mag ich es gerne, wenn im Hotel noch etwas los ist – kein Remmidemmi, aber vielleicht noch eine Band und etwas Tanz.«

Nach dieser kleinen Geschichte wissen Sie als Verkäufer schon sehr viel über Ihre Kundin und Ihre Wünsche. Der Urlaubsort sollte im Süden am Meer liegen, aber in einer Umgebung mit kulturellem, geschichtlichen Hintergrund und Sie wissen noch etwas ganz Wichtiges: Ihre Kundin möchte im Urlaub auch jemand kennenlernen. Natürlich können Sie jetzt weiter nachfragen: Hier sind jetzt auch geschlossene Fragen und Alternativfragen erlaubt. Aber bleiben Sie mental immer im Traumbild Ihrer Kundin.

Tipp !

Versetzen Sie Ihren Kunden durch Zauberfragen in seine Wunschwelt und damit in den Gute-Laune-Modus.

9.5 Richtiges Fragen bei »negativen« Produkten

Viele Verkäufer werden jetzt sagen »Schöne Dinge wie Reisen zu verkaufen ist einfach: Da ist es nicht schwer, solche Bilder aufzumachen. Aber als Versicherungsvertreter verkaufe ich Unfall-, Haftpflicht- oder Lebensversicherungen und da geht diese Verkaufsstrategie nicht auf.« Genauso ist es. Produkte oder Dienstleistungen, deren Sinn und Zweck es ist, Negatives zu vermeiden, müssen etwas anders befragt werden. Schauen wir uns das am Beispiel einer Unfallversicherung an. Unser Kunde ist ein 40-jähriger, verheirateter Mann im mittleren Management mit zwei Kindern.

Auch bei »negativen Produkten« gelten die Regeln aus Kapitel 9.4: Niemals beginnen wir das Gespräch mit einer geschlossenen Frage: »Haben Sie schon eine Unfallversicherung?« Dadurch würden wir den Verkaufsspielraum dramatisch verengen, denn es gibt ja viele andere Möglichkeiten der Absicherung. Auch die Frage: »Wieviel wollen Sie im Monat für eine Versicherung ausgeben?« ist völlig falsch.

Aber wie lautet nun die richtige Frage? Bevor wir dazu kommen, wollen wir uns noch kurz mit dem Kundengehirn beschäftigen. Wir haben im ersten Kapitel gesehen, dass unser Gehirn versucht, negative Emotionen zu vermeiden, und dass Verluste und negative Emotionen oft doppelt so stark wirken wie positive. Während wir in dem Urlaubsbeispiel durch unsere Fragen eine positive Traumwelt aufgebaut haben, machen wir es beim Verkauf von »negativen« Produkten etwas anders. Wir bauen zuerst das negative Szenario auf und sorgen dann dafür, dass unser Angebot für den Kunden die befreiende und beruhigende Lösung aus diesem Szenario ist. Viele Versuche in der Hirnforschung und Psychologie zeigen nämlich, dass es unser Gehirn auch als belohnend und positiv empfindet, wenn sich ein negatives Gefühl in Luft auflöst. Aus diesem Grund muss unsere Frage zunächst einmal das negative Szenario ausbauen. Deswegen fragen wir nicht: »Haben Sie eine Unfallversicherung?«

Unsere Frage lautet stattdessen: »Stellen Sie sich einmal vor – was natürlich niemand will – Sie verunglücken bei einem Autounfall so schwer, dass Sie mehrere Monate im Krankenhaus verbringen müssen und danach querschnittsgelähmt sind. Wie sind Sie, Ihre Frau und Ihre Kinder in so einem Fall abgesichert?«

Alle diese Annahmen liegen im Bereich des Möglichen und führen jetzt dazu, dass Sie erfahren, wie der finanzielle Schutz Ihres Kunden insgesamt aussieht. Sie erfahren aber noch sehr viel mehr: Nämlich auch, wie wichtig die Familie ist und wie sie abgesichert ist. Auf Basis dieser Information können Sie nicht nur eine Unfallversicherung, sondern auch eine Lebensversicherung und eine Ausbildungsversicherung für die Kinder als Lösung anbieten.

! **Tipp**

Entwickeln Sie bei »negativen« Produkten mit Ihren Fragen ein konkretes negatives Szenario und bieten Sie Ihr Angebot als Lösung an, um aus dem negativen Szenario wieder glücklich und zufrieden herauszukommen.

9.6 Zauberfragen im B2B-Bereich

Unsere Reisekundin und unser Versicherungskunde sind Privatkunden. Uns interessiert nun, ob man dieses Wissen auch im B2B-Bereich anwenden kann. Die Antwort: Selbstverständlich! Auch hier verdeutlichen wir uns das am besten anhand eines konkreten Beispiels: Ein mittelständischer Hersteller von Elektroprodukten möchte sein Versandlager völlig neu organisieren und Sie wollen ihm eine Lagerorganisation (Hardware/Software) verkaufen.

Auch hier gilt:

- Niemals mit geschlossenen Fragen beginnen. (»Wissen Sie schon, wie Ihr neues Lager aussehen soll?«)
- Niemals nach dem Preisrahmen fragen. (»Welche Investitionssumme haben Sie geplant?«).

Im B2B-Bereich kommen noch ein paar weitere schlechte Fragen dazu:

- Nicht in die Vergangenheit fragen. (»Welche Probleme haben Sie mit Ihrem heutigen Lager?«)
- Nicht nach dem Wettbewerb fragen. (»Haben Sie sich schon mit anderen Anbietern beschäftigt?«)

Im B2B-Bereich gibt es ebenfalls Fragen, die den Verkauf schon zu Beginn zerstören: Fragen Sie nicht dumm und unvorbereitet! (»In welcher Branche sind Sie tätig?« »Wie viel Pakete versenden Sie täglich?« »Wie groß ist Ihr Lager?«) Alle diese Informationen müssen Sie sich im Vorfeld beschaffen. Wer dem Kunden seine Zeit mit dummen Fragen stiehlt, verärgert ihn nicht nur – er zeigt schon mit dem ersten Eindruck, dass er nicht kompetent ist (vgl. Kapitel 8).

Wie sähe nun eine gute Frage zu Beginn des Gesprächs aus? Ganz ähnlich wie im Beispiel des Reisekunden.

Verkäufer: »Wenn Sie mal kurz die Augen schließen und sich vorstellen würden, wie Ihr ideales Lager aussähe, mit dem sie rundum glücklich und zufrieden wären? Was müsste das Lager alles können und leisten?«

Durch diese Frage erfahren Sie nicht nur, was dem Kunden vorschwebt, Sie erfahren auch, was ihm besonders wichtig ist (denn wichtige Dinge steigen zuerst aus dem Unbewussten des Kunden in sein Bewusstsein) und was ihn glücklich und zufrieden macht. Wenn er Ihnen ein Gesamtbild seines Ideallagers geschildert hat, dürfen Sie durchaus wichtigen Bereichen und Aspekten mit offenen Nachfragen, aber auch mit geschlossenen Impulsfragen (»Haben Sie schon einmal darüber nachgedacht, auch den Lagerstandort zu verändern?«), auf den Grund gehen. Danach ist es auch erlaubt, nach den Problemen mit dem heutigen Lager zu fragen, um so einen Soll/Ist-Vergleich zu ermöglichen. Aber zu Gesprächsbeginn ist es wichtig, durch Zauberfragen die wirklichen Wünsche Ihres Kunden zu ergründen.

Tipp !

Auch für den B2B-Bereich ist es empfehlenswert, wenn Sie sich zuerst den Idealzustand vom Kunden in *seinen* Worten schildern lassen.

Zauberfragen aktivieren die tieferen Schichten im Gehirn
An drei Beispielen haben wir gesehen, wie Zauberfragen zu Beginn eines Gespräches aussehen. Dabei spielt es keine Rolle, ob wir im Konsum- oder B2B-Bereich unterwegs sind. Alle Zauberfragen haben eines gemeinsam: Sie animieren den Kunden seine Welt, seine Ziele und Wünsche in seinen eigenen konkreten Bildern zu beschreiben und die korrespondierenden Gefühle zu erleben. Gleichzeitig zeigt diese Beschreibung entweder schon seine persönliche Paradiesvorstellung oder – bei negativen Produkten – wie er die Hölle konkret vermeiden kann. Je konkreter und emotionaler diese durch Fragen induzierten Wunsch- aber auch Schreckensbilder sind, desto tiefer sind Sie in seinem Gehirn verankert, an dem Ort also, wo Sie nun verhaltens- und verkaufsbestimmende Impulse setzen können.

Mit Zauberfragen öffnen Sie das wahre Herz Ihres Kunden.

9.7 Mind-Shift-Fragen

Mit den Zauberfragen versuchen wir, die Wünsche unserer Kunden besser zu verstehen oder sie für ein Problem zu sensibilisieren. Aber Fragen helfen nicht nur, den Kunden besser zu verstehen, mit richtigen Fragen lassen sich Kunden beeinflussen und, ja, auch manipulieren. Mit Fragen kann man nämlich Einstellungen von Menschen verändern, indem man ihren Bewusstseinsfokus verschiebt (= Mind Shifting).

Angenommen, wir bilden zwei Gruppen mit je 20 Versuchspersonen. Gruppe 1 bitten wir, die Frage »Was macht Sie glücklich?« zu beantworten, Gruppe 2 dagegen stellen wir die Frage »Was macht Sie unglücklich?«. Natürlich werden wir von beiden Gruppen unterschiedliche Antworten bekommen – was viel wichtiger ist, ist ein anderes Phänomen: Wenn wir nach einigen Stunden die beiden Gruppen bitten, uns einen Fragebogen über ihre Lebenszufriedenheit zu beantworten, erhalten wir sehr unterschiedliche Ergebnisse. Die Gruppe 1, die wir danach gefragt haben, was sie glücklich macht, schätzt in diesem Fragebogen ihre Lebenszufriedenheit wesentlich höher ein als Gruppe 2, die wir befragt haben, was sie unglücklich macht. Woher kommt das? Durch die Frage »Was macht Sie glücklich?« richtet das Bewusstsein seinen inneren Scheinwerfer auf die glücklichen Ereignisse des Lebens. Die Unglücklichen dagegen werden komplett ausgeblendet. Dieser »Beleuchtungseffekt«, der bewirkt, dass nur die glücklichen Ereignisse hervortreten, bleibt über viele Stunden bestehen. Wenn dann, wie in unserem Versuch, die Versuchspersonen gebeten werden, ihre Lebenszufriedenheit einzuschätzen, kommen ihnen nur positive Lebensaspekte in den Sinn. Sie fühlen sich dadurch längere Zeit zufriedener und glücklicher. Das genaue Gegenteil geschieht bei der »Unglücksgruppe« 2. Ihr Bewusstsein wurde durch die Frage so manipuliert, dass verstärkt unglückliche Ereignisse die aktuelle Lebensbeurteilung dominieren. Wer mit Freude und Optimismus in den Tag starten will, kann deshalb sein

Gehirn mit dieser Selbstsuggestionsfrage morgens beim Aufstehen präparieren: »Für welche Dinge bin ich dankbar und was hat mich in letzter Zeit glücklich gemacht?« Uns interessiert aber darüber hinaus die Frage, wie wir diesen unbewussten Fragemechanismus im Verkaufsgespräch nutzen können. Ganz einfach: Wenn wir durch die Zauberfragen die Wünsche unseres Kunden kennengelernt haben und der Kunde zudem ein Wettbewerbsprodukt verwendet, fragen wir den Kunden jetzt:

»Was gefällt Ihnen an der bestehenden Lösung weniger bzw. was ärgert Sie daran?«

Durch diese Frage haben wir das Kundengehirn, ohne dass der Kunde dies selbst bemerkt, negativ auf unseren Wettbewerber programmiert. Die Gesamtbeurteilung des Wettbewerbs erhält so eine deutliche Abwertung.

Tipp !

Durch negative Mind-Shift-Fragen können wir für eine negativere Beurteilung unseres Wettbewerbs sorgen.

Wir haben unseren Wettbewerb mit einer negativen Mind-Shift-Frage madiggemacht – damit ist das Potenzial dieser Technik aber noch nicht erschöpft. Wir können diese Technik nämlich auch dazu nutzen, dass unser Angebot und unsere Leistung besser beurteilt werden. Allerdings setzen wir den zweiten Teil dieser Technik erst zu einem späteren Zeitpunkt des Verkaufsgesprächs ein. Nämlich dann, wenn wir dem Kunden die Vorteile und Möglichkeiten unseres Produktes und unserer Lösung hirngerecht präsentiert haben (siehe Kapitel 10). Der Kunde kennt unser Produkt und unsere Leistung und jetzt kommt unsere positive Mind-Shift-Frage:

»Welche Vorteile sehen Sie für sich, wenn Sie unsere Lösung/unser Produkt nutzen?«

Unbewusst beschäftigt sich das Kundengehirn mit den positiven Seiten Ihrer Lösung, damit werden mögliche negative Aspekte ausgeblendet. Ihre Lösung erfährt insgesamt eine Aufwertung. Zugleich wird durch das geistige Probehandeln des Kunden mit Ihrem Produkt die Kaufhemmschwelle abgesenkt.

Tipp !

Durch positive Mind-Shift-Fragen erfährt unser Angebot eine Aufwertung, zugleich wird die Kaufhemmschwelle abgesenkt.

10 Emotionales Verkaufen: So schaffen Sie Wert im Gehirn Ihres Kunden

Was Sie in diesem Kapitel erwartet

Wir wissen: Nur Emotionen geben Ihrem Angebot Wert und Bedeutung. Wie gelingt es aber, den emotionalen Wert des Angebots zu verstärken? Dafür gibt es eine ganze Reihe bewährter Techniken, die Sie in diesem Kapitel kennenlernen.

10.1 Nur durch Emotionen entsteht Wert im Kundengehirn

Zu Beginn dieses Kapitels möchte ich Ihnen eine ganz einfache Frage stellen: Was macht ein Produkt oder eine Leistung wertvoll? Als erfolgreiche Verkäuferin oder erfolgreicher Verkäufer werden Sie sagen: Das Produkt muss einen Nutzen haben. Das ist zwar richtig – aber was ist Nutzen? Sie werden antworten: Nutzen entsteht, wenn ein Produkt die Bedürfnisse oder Wünsche des Kunden erfüllt. Das ist ebenfalls richtig – aber woher kommen die Bedürfnisse und Wünsche des Kunden? Sie kommen aus unseren Emotionssystemen. Deshalb sind es unsere Emotionssysteme, die für das Gehirn Wert schaffen.

Je mehr positive Emotionen ein Produkt oder eine Leistung auslöst und je mehr negative Emotionen ein Produkt verhindert, desto wertvoller ist es für unser Gehirn. Wie das Wort »Wert« schon andeutet, ist – bevor Wert entsteht – eine Bewertung erforderlich. Erinnern wir uns nochmals kurz, wie der Bewertungsprozess im limbische System abläuft.

So befragt das Stimulanzsystem Ihr Angebot

- Bringst du mir neue und spannende Erkenntnisse und Erlebnisse?
- Zeigst du mir und ermöglichst du mir neue Wege?
- Ist das, was du mir bietest, neu und anders?
- Hebt mich dein Angebot aus der Masse heraus?

Hält Ihr Angebot dieser Bewertung stand, erlebt der Kunde dies als Gefühl des »Prickelns« und der »freudigen Überraschung«. Wenn Ihr Angebot dagegen austauschbar ist und sich nicht vom Wettbewerb abhebt, entsteht im Kundengehirn das negative Gefühl der Langeweile. Das lustvolle Gefühl des Prickelns wertet Ihr Angebot auf, das Gefühl der Langeweile und des Immergleichen wertet das Produkt ab.

So befragt das Dominanzsystem Ihr Angebot

- Hilfst du mir, meine Ziele zu erreichen?
- Machst du mich stärker, mächtiger und leistungsfähiger?

- Erhöhst du mein Ansehen und meinen Status?
- Ist dein Angebot besser als das deines Wettbewerbers?

Hält Ihr Angebot dieser Bewertung stand, erlebt Ihr Kunde dies als Gefühl der »Macht« und der »Selbststärke«. Wenn aber diese Anforderungen wenig oder gar nicht erfüllt werden, kommt im Kundengehirn das negative Gefühl der »Schwäche« und des »Ärgers« auf.

So befragt das Balancesystem Ihr Angebot
- Ist deine Leistung sicher und zuverlässig?
- Wird das Leistungsversprechen eingehalten?
- Gibst du mir Garantie?
- Hältst du dein Qualitätsversprechen?

Hält Ihr Angebot dieser Bewertung stand, erlebt Ihr Kunde dies als Gefühl der »Sicherheit« und des »Vertrauens«. Wenn aber diese Anforderungen wenig oder gar nicht erfüllt werden, bekommt Ihr Kunde Angst und betrachtet Ihr Angebot als großes Risiko.

So befragt das Harmoniesystem Ihr Angebot
- Ist dein Angebot einfach zu verstehen und macht es mir das Leben leichter?
- Wenn ich ein Problem mit deinem Angebot habe, wirst du mir helfen, das Problem zu lösen?
- Kümmerst du dich auch nach dem Kaufabschluss um mich?

Hält Ihr Angebot dieser Bewertung stand, erlebt Ihr Kunde dies als Gefühl der »Geborgenheit« und des »Vertrauens«. Wenn aber diese Anforderungen wenig oder gar nicht erfüllt werden, fühlt sich Ihr Kunde mit seinen Problemen allein gelassen.

Ein wichtiger Aspekt in diesem Bewertungsprozess ist, dass die Bewertung weitgehend unbewusst erfolgt und das Ergebnis erst am Ende dieses Prozesses in das Bewusstsein des Kunden eintritt. Neben dieser emotionalen Grundbewertung gibt es im Kundengehirn viele weitere Emotionsverstärker, die den Wert Ihres Angebots erhöhen. Auch diese lernen wir im Laufe dieses Kapitels kennen.

> Die emotionale Bewertung Ihres Angebots erfolgt für den Kunden weitgehend unbewusst.

10.2 Von der Funktion zum emotionalen Nutzen

Es gehört zu den wichtigsten Aufgaben eines Verkäufers, Produktmerkmale und Produktfunktionen in einen emotionalen Nutzen für den Kunden zu übersetzen. Produktmerkmale und Produktfunktionen sind meist abstrakte Beschreibungen und damit für das Kundengehirn wertlos, wenn der Kunde nicht selbst Spezialist ist und ihm das Produktmerkmal etwas sagt. Nehmen wir an, Sie wären Autoverkäufer und würden Ihrem 65-jährigen Kunden (Kundentyp: Bewahrer) sagen:

Verkäufer: »Das Besondere an diesem Auto ist sein automatisches Siebengang-Doppelkupplungsgetriebe.«

Was, glauben Sie, geht bei diesen Sätzen im Kundengehirn vor sich? Die Antwort: wenig bis nichts. Das Gehirn des Kunden würde feststellen, dass es sich hier um ein innovatives Hightech-Produkt handelt und bei ihm, dem Bewahrer, die Angst auslösen, als Versuchskaninchen missbraucht zu werden. Mit dieser Kundenansprache hätten Sie sich auf die bloße Funktion des Produkts beschränkt. Ihre zentrale und wichtigste Aufgabe als Verkäufer ist es aber, funktionales Spezialistenwissen in emotionalen Kundennutzen zu übersetzen. Erst wenn Sie das Produktmerkmal in einen kundenspezifischen, emotionalen Nutzen übersetzen, klingelt es im Gehirn Ihres Kunden:

Verkäufer: »Das Besondere an diesem Auto ist sein automatisches Siebengang-Doppelkupplungsgetriebe – da brauchen Sie über das Schalten nicht mehr nachdenken und Sie spüren überhaupt nichts vom Schaltvorgang. Komfortabler kann Fahren nicht sein.«

Tipp !

Übersetzen Sie die Funktionen Ihres Produkts immer in verständlichen, emotionalen Kundennutzen.

10.3 Der emotionale Wert Ihres Angebots hängt vom Kundentyp ab

Denken Sie aber immer daran, dass dieser emotionale Nutzen für Kunden sehr unterschiedlich sein kann. Was der Kunde individuell für wichtig hält, hängt von seinem aktuellen Bedarf, seiner Lebenssituation, seiner Lebenserfahrung und in besonderem Maße von seiner emotionalen Persönlichkeitsstruktur ab. Am Beispiel des Autokaufs sehen wir, was diese Überlegungen für ein konkretes Verkaufsgespräch bedeuten.

Das Produktmerkmal lautet: »Das Auto hat 200 PS.« Diese 200 PS haben für unterschiedliche Kundentypen einen sehr unterschiedlichen Nutzen und es ist Ihre Aufgabe als Verkäufer, das Merkmal kundenindividuell in die Nutzenwelt des Kunden zu übersetzen:

- **Formulierung für den Performer:** »Das Auto hat 200 PS – da schießen Sie beim Überholen wie eine Rakete vorbei.«

- **Formulierung für Harmonie-Sucher:** »Das Auto hat 200 PS – da können Sie sich bequem und sicher auf der Autobahn einfädeln.«
- **Formulierung für den Bewahrer:** »Das Auto hat 200 PS – da können Sie, ohne zu schalten, fast immer im sparsamen sechsten Gang fahren.«
- **Formulierung für den Kreativen/Spontanen:** »Das Auto hat 200 PS – da können Sie mit großem Spaß aus jeder Kurve heraus voll beschleunigen.«

Mit der Limbic Map® und den darauf erstellten Motivlandkarten kann man das sehr systematisch machen. Erinnern Sie sich noch an die Motivlandkarte »Autokauf« aus Kapitel 9? Diese kombinieren wir jetzt mit den verschiedenen Kundentypen (vgl. Abb. 31).

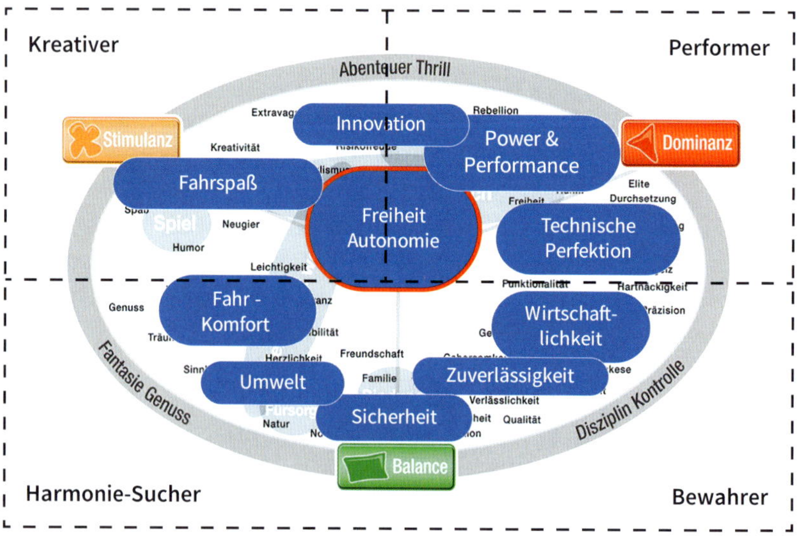

Abb. 31: Motivlandkarte und Kundentypen

Kaufargumente für den Bewahrer

Die für den Kundentyp Bewahrer wichtigen Argumente finden wir in der unteren, »sicheren« Hälfte der Limbic Map®:

- »Das Auto hat 12 Airbags – sicherer geht's nicht.«
- »Im EuroNCAP-Crash-Test hat dieses Auto mit der Bestnote abgeschnitten.«
- »In der TÜV-Zuverlässigkeitsstatistik steht dieses Auto auf dem ersten Platz in seiner Klasse: Mit diesem Auto werden Sie niemals liegen bleiben.«
- »Das Auto ist extrem sparsam und wirtschaftlich: Das drückt Ihnen jeden Monat einen 50 Euro-Schein in die Hand.«
- »Unsere Garantie beträgt drei Jahre auf alles: Da müssen Sie sich jetzt um nichts mehr Sorgen machen.«
- »Das Auto hat einen hohen Wiederverkaufswert: Da machen Sie kein Geld kaputt.«
- »Dieses Auto ist unser meistverkauftes Modell – da können Sie nichts falsch machen.«

Glauben Sie, dass sich von denselben Argumenten ein Performer überzeugen lässt? Das schauen wir uns jetzt einmal genauer an.

Kaufargumente für den Performer

Ein Blick auf die Motivlandkarte des Performers und seine Persönlichkeitsstruktur machen deutlich, welche Aspekte für sein Gehirn besonders wichtig sind: Alles, was sich im rechten und oberen Bereich der Limbic Map® befindet. Das Sozialmotiv ist für den Performer besonders wichtig: Status und Prestige.

- »Das Auto hat einen Doppel-Turbo-Motor und leistet 200 PS – das geht ab wie eine Rakete.«
- »Motor und Fahrwerk sind das Beste, was es auf dem Markt gibt – da können Sie wie auf Schienen durch eine enge Kurve fahren.«
- »Das Auto beschleunigt von 0 auf 100 in weniger als 5 Sekunden – damit sind Sie bei einer Ampel schon lange weg, bevor andere erst aufwachen.«
- »Exklusives Leder prägt die Innenausstattung.«
- »Das Design unterstreicht seine Kraft und seine Exklusivität.«
- »Beim jährlichen Service-Check haben Sie bei uns VIP-Status.«

Nun schauen wir uns an, was die Kreativen und Spontanen überzeugt.

Kaufargumente für den Kreativen/Spontanen

Beim Spontanen und Kreativen gehen wir auf die linke Ecke in unserer Motivlandkarte. Bei diesem Käufertyp ist zusätzlich das Sozialmotiv »Individualität« von Bedeutung.

- »Sie sind einer der Ersten, der dieses Auto fährt.«
- »Das Entertainmentsystem hat alles, was Sie sich wünschen. Über Internet können Sie sich direkt mit Spotify oder Facebook verbinden und Ihr iPhone® bzw. iPod® lässt sich einfach über Bluetooth anschließen.«
- »Das Dach lässt sich ganz weit aufmachen – da kommt richtiges Cabrio-Feeling auf.«
- »Durch seine Direktheit und Agilität bringt das Auto einen großen Fahrspaß.«
- »Sowohl das Außen- wie auch das Innendesign sind einfach ungewöhnlich und fallen auf.«

Zuletzt werfen wir noch einen Blick auf den Harmonie-Sucher und seine Bedürfniswelt.

Kaufargumente für den Harmonie-Sucher

Beim Harmonie-Sucher gilt es zu beachten, dass er nach einem einfachen, bequemen Leben strebt. Dazu soll das Auto einen Beitrag leisten. Aus diesem Grund spielen für ihn Status und Individualität nur eine geringe Rolle.

- »Das Auto fährt fast wie von selbst.«
- »Die Bedienung ist ganz einfach und kinderleicht.«

- »In diesem Auto sind Sie so sicher und geborgen wie in Abrahams Schoß.«
- »Auch in der engen Stadt und im engen Parkhaus macht Ihnen dieses Auto Freude.«
- »Wenn Sie mal ein Problem mit dem Auto haben, rufen Sie mich oder meine Kollegen einfach an. Wir sind immer für Sie da und helfen Ihnen.

Wenn Sie die Argumente für diese unterschiedlichen Kundentypen anschauen, spüren Sie sofort, wie heterogen diese sind. Bitte beachten Sie aber: Bei diesem Beispiel haben wir einfache Kundentypen mit klaren und eindeutigen emotionalen Ausprägungen gewählt. Vergessen Sie aber nicht: Jeder Mensch hat alle vier Emotionssysteme, nur eben nicht in gleicher Ausprägung. So können zum Beispiel für einen Performer mitunter auch die Sicherheitsargumente des Bewahrers von Interesse sein. Diese stehen aber nicht an erster Stelle, sondern runden das Argumentationsmenü am Ende eines Verkaufsgesprächs ab.

> Verkaufen heißt: Das Angebot in die individuelle emotionale Nutzenwelt Ihres Kunden zu übersetzen.

Ein Blick ins B2B-Geschäft
Was wir hier gesehen haben, gilt auf ganz ähnliche Weise auch für das B2B-Geschäft. Denken Sie aber daran, dass wir im B2B-Geschäft neben der Persönlichkeit auch die Rolle und Funktion unseres Kunden in seinem Unternehmen berücksichtigen müssen. Wir haben in Kapitel 3 aber auch erfahren, dass sich Rolle und Person oft emotional überlagern, weil sich Menschen den Beruf aussuchen, der emotional zu ihrer Persönlichkeit passt. Wenn mehrere Entscheidungsträger am Tisch sitzen, ist das kein Problem. Den Geschäftsführer sprechen wir mit Dominanz-Argumenten an, der Produktionsleiter bekommt eher Balance-Argumente und der Leiter F&E freut sich über Innovation- und Stimulanz-Argumente.

> Auch im B2B-Bereich heißt Verkaufen: Das Angebot mit seinen Funktionen in den jeweils unterschiedlichen emotionalen Nutzen für die unterschiedlichen Kundengruppen zu übersetzen.

10.4 Emotionalisierung durch hirngerechte Sprache

Wir haben unsere Verkaufsargumente auf die emotionale Persönlichkeit unserer Kunden ausgerichtet und damit schon einen wichtigen Schritt zur Emotionalisierung geleistet. Haben wir damit schon alle Möglichkeiten ausgeschöpft? Aber nein! Wir wissen jetzt zwar, was wir sagen, aber wir wissen noch nicht, wie wir es sagen. Unser nächster Schritt ist es, unsere Argumente so aufzubereiten, dass sie direkt ins Kundengehirn gelangen. Nehmen wir einmal an, Sie wollen einer Kundin eine hochwertige Kosmetikcreme zur Hautpflege verkaufen. Das besondere an der Creme ist der Wirkstoff Y13.

Die Kundin steht vor Ihnen und Sie versuchen sie mit dem folgenden Argument zu überzeugen:

Verkäuferin: »Ich habe hier eine Hautcreme für Sie. Das Besondere an dieser Hautcreme ist der Wirkstoff Y13. Y13 wurde in den YZ-Laboratories entwickelt. Y13 besteht aus rechtsdrehenden Molekülen und diese haben die Eigenschaft, die subdermalen Schichten Ihrer Haut zu regenerieren.«

Glauben Sie, dass Sie mit dieser Argumentation die Augen und das limbische System Ihrer Kunden zum Leuchten bringen? Mit Sicherheit nicht. Jetzt werden Sie vielleicht entgegnen, die Wirkung von Y 13 sei doch eine wichtige Information für den Kunden. Da haben Sie Recht, aber nicht zu diesem Zeitpunkt. Doch um zu verstehen, wie man eine Argumentation hirngerecht aufbaut, müssen wir verstehen, wie unser Gehirn Sprache verarbeitet.

Unser Gehirn ist kein Sprachgehirn

Auch wenn unsere Kultur und die menschliche Entwicklung eng mit der Sprache verbunden sind: Unser Gehirn ist hinsichtlich seiner Grundfunktionen kein Sprachgehirn. Dazu müssen wir uns vor Augen führen, dass die menschliche Sprache erst vor 200.000 Jahren entstanden ist. Unser Gehirn ist aber sehr viel älter. Welches Alter wir ihm zuschreiben, hängt davon ab, ob wir seinen Anfang auf den Beginn unserer Säugetierexistenz datieren, dann ist es ca. 80 Mio. Jahre alt, oder ob wir unsere evolutionäre Entwicklung bis zu den Fischen und Reptilien, aus denen wir entstanden sind, zurückverfolgen. Dann ist unser Gehirn ca. 400 Mio. Jahre alt.

> Nur eine Sprache, die direkt auf die Grundfunktionen unseres Gehirns zielt, wird sofort verstanden und löst zudem Handlungen aus.

In Kapitel 1 haben wir gesehen, dass es das Kundengehirn einfach mag. Schauen wir uns deshalb an, welche Sprache unser Gehirn liebt und welche es hasst.

Das Kundengehirn hasst abstrakte Sprache

Wenn Sie dem Gehirn ein abstraktes Wort wie zum Beispiel »Bruttosozialprodukt« servieren, was passiert dann? Erstens muss das Gehirn denken, was es bedeuten könnte. Das versucht es zu vermeiden und kommt dabei gewissermaßen in schlechte Stimmung. Zudem fühlt sich kein Hirnbereich so richtig dafür zuständig, weil das »Bruttosozialprodukt« in der menschlichen Evolution keine so große Bedeutung hatte. Lesen Sie einmal diese beiden Sätze, die beide das Gleiche sagen. Es wird sofort klar, was eine abstrakte Sprache anrichten kann und wie anschaulich dagegen die zweite Formulierung ist:

Falsch: »Mentale Imagination besitzt die Abilität, höhere Gesteinsformationen in ihrer lokalen Position zu transferieren.«

Hirngerecht: »Glaube kann Berge versetzen.«

Tipp

Vermeiden Sie abstrakte Wörter und eine abstrakte Sprache im Verkaufsgespräch.

Das Kundengehirn liebt eine bildhafte Sprache

Die erste wichtige Überlebensaufgabe des Gehirns ist es, ein Objekt zu erkennen: Ist das eine Schlange? Ist das ein Apfel? Ist das ein Bär? Da das Sehen der wichtigste Sinn des Menschen ist, liebt unser Gehirn Bilder. Wenn das Gehirn zum Beispiel das Wort »Fisch« hört, werden im Gehirn alle Neuronen aktiviert, die an der Speicherung des Vorstellungsbildes »Fisch« beteiligt sind. Bildhafte Worte werden deshalb viel schneller im Gehirn verarbeitet als abstrakte Worte.

Falsch: »Die Dichtung ist wasserdicht bis 30 kg/cm^{2}.

Hirngerecht: »Die Dichtung ist so dicht wie eine U-Boot-Luke.«

Tipp

Verwenden Sie im Verkaufsgespräch eine bildhafte Sprache und nutzen Sie bildhafte Ausdrücke.

Das Kundengehirn liebt eine emotionale Sprache

Die zweite wichtige Überlebensaufgabe des Gehirns ist es, ein Objekt emotional zu bewerten. Bist Du gut? Bist Du gefährlich? Deswegen werden auch Worte mit emotionalem Inhalt sehr schnell verarbeitet. Gleichzeitig aktivieren sie im Gehirn die Emotionszentren, die mit dem Wort verbunden sind. Ein Wort wie »Stich« aktiviert zum Beispiel das Schmerzzentrum im Gehirn, ein Wort wie »Kuss« unser Sexualzentrum. Der Satz: »Der flauschige Cashmere-Pullover umschmeichelt sanft ihre Haut.« löst ein Vielfaches an Emotionen im Vergleich zu »Der Wollpullover bedeckt Ihre Haut.« Sie können diesen Effekt auch in jedem besseren Restaurant ausprobieren. Welches Essen schmeckt Ihnen besser und lässt sich daher zu einem höheren Preis verkaufen:

Falsch: »Brathähnchen und Salat«

Hirngerecht: »Gebratene Maispoularde mit Frühlingssalat in einer Balsam-Honig-Vinaigrette«

Tipp

Verwenden Sie im Verkaufsgespräch eine emotionale Sprache und gebrauchen Sie emotionale Worte.

Das Kundengehirn liebt eine aktive Sprache
Nach der Bewertung eines Sachverhalts besteht die dritte wichtige Überlebensaufgabe des Gehirns darin, Handlungen anzustoßen. Wenn der Gegenstand mit Belohnung verbunden ist, könnte die Handlung darin bestehen, zum Gegenstand zu gehen und ihn anzufassen. Wenn dagegen Schmerz und Strafe droht, heißt Handeln, die Flucht zu ergreifen bzw. die Hand zurückzuziehen. Wenn Sie dem Kundengehirn zum Beispiel ein Wort wie »schlagen« präsentieren, werden im motorischen Großhirn die Neuronen aktiviert, die die Schlagbewegung einleiten. Wichtig dabei ist, dass wir Bewegungsworte verwenden, deren Bewegung auch im Gehirn verankert ist. Das Verb »laufen« erfüllt diese Bedingung, ein abstraktes Bewegungswort wie »konvertieren« fällt dagegen durch. Wenn aktive Worte zudem mit Emotionen angereichert werden, wird die Wirkung weiter gesteigert. Ein Versuch macht dies deutlich: Den Versuchspersonen wurde ein Bild von einem Autounfall gezeigt, bei dem zwei Autos aufeinandergeprallt sind. Die Versuchspersonen wurden in zwei Gruppen aufgeteilt. Der einen Gruppe wurde gesagt: »Die Autos fuhren ineinander.« Der anderen Gruppe wurde mitgeteilt: »Die Autos krachten ineinander.« Jetzt sollten die Versuchspersonen die Geschwindigkeiten der Autos schätzen, als sie ineinander fuhren. Das Ergebnis: Die Gruppe, die das Wort »krachten« hörte, hat die Geschwindigkeit um 23 % höher eingeschätzt als die zweite Gruppe, obwohl beide Gruppen das gleiche Bild sahen.

Falsch: »Durch die neue Software wird die Versandabwicklung um 3 % effizienter.«

Hirngerecht: »Die neue Software beschleunigt die Versandabwicklung um 3 %.«

Tipp !

Sprechen Sie im Verkaufsgespräch eine aktive Sprache und nutzen Sie konkrete Bewegungsworte.

10.5 Wirkungsvolle Argumente aktivieren zuerst die rechte Gehirnhälfte

Wir haben gesehen, wie das Gehirn Sprache verarbeitet. Eine weitere wichtige Eigenschaft unseres Gehirns kommt noch hinzu: Die rechte und linke Gehirnhälfte verarbeiten Ihre Verkaufsargumente unterschiedlich (vgl. Abb. 32).

Die **rechte Gehirnhälfte** liebt leicht zugängliche emotionale Bilder. Sie ist direkter und unmittelbarer mit der Welt verbunden als die linke. Sie verarbeitet die Daten intuitiv und sensitiv und lässt die Welt vorsichtig herein. Die rechte Hälfte ist der Eingang ins Hirn und ins Bewusstsein des Kunden!

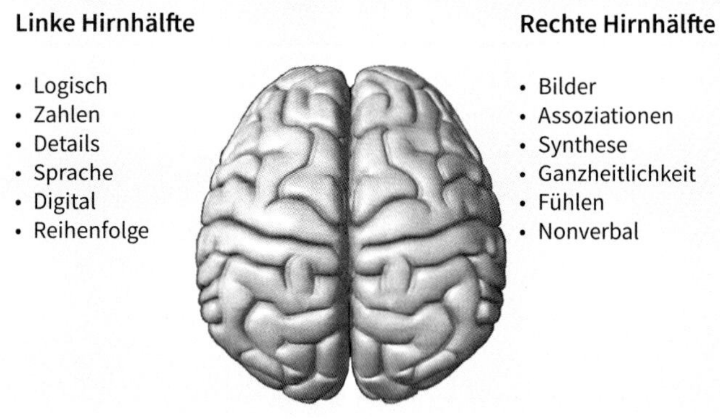

Abb. 32: Rechte und linke Gehirnhälfte

Die **linke Gehirnhälfte** ordnet die unmittelbaren Eindrücke, die durch die rechte Gehirnhälfte hereinkommen. Sie versucht, sie sprachlich zu kategorisieren und in eine logische Ordnung zu bringen. Die linke Gehirnhälfte liebt (einfache) logische Strukturen und Begründungen. Sie ist zudem stärker handlungsorientiert als die rechte Gehirnhälfte.

> Gute Verkaufsargumente erzeugen zuerst emotionale Bilder in der rechten Gehirnhälfte des Kunden und bauen dann Erklärungsstrukturen auf, die die linke Gehirnhälfte ansprechen.

Beispiel 1: Konsumbereich
Wie sieht nun die ideale Verkaufsargumentation für unsere Hautcreme (siehe oben) aus Sicht der Hirnforschung aus? Eine erfolgreiche Argumentation orientiert sich an der Neurologik:

Zuerst: Erlebnis für die rechte Hirnhälfte: »Die Hautcreme XY wirkt wie ein frischer Mai-Regen auf Ihrer Haut. Sie fühlen sofort, wie sich Ihre Haut erfrischt und entspannt.«

Danach: Begründung für die linke Hirnhälfte: »Das Besondere an dieser Hautcreme ist der Wirkstoff Y13. Y13 wurde in den YZ-Laboratories entwickelt. Y13 besteht aus rechtsdrehenden Molekülen und diese haben die Eigenschaft, insbesondere die tiefen Schichten in Ihrer Haut zu regenerieren und zu vitalisieren.«

Wir beginnen also immer mit einem emotionalen Bild, das die Wirkung möglichst aus dem Erleben des Kunden heraus beschreibt (emotionale Ich-Perspektive) und liefern dann die Begründung (funktionale Perspektive) nach. Auf diese Weise erlebt der Kunde das Produkt und durch die Begründung erhält er die Sicherheit und Bestätigung, einen guten Kauf zu tätigen.

Beispiel 2: Finanzbereich
Diese Grundstruktur möchte ich Ihnen an weiteren Beispielen verdeutlichen. Nehmen wir an, Sie sind im Vertrieb einer Bank tätig und möchten einer Kundin eine Finanzanlage verkaufen. So sah Ihre Verkaufsargumentation bisher aus:

»Dieser Fond rentiert sich mit 4,0 % Zinsen p. a. Diese werden thesauriert und der ganze Betrag wird am Ende der Laufzeit, also in zehn Jahren, ausgeschüttet.«

Auch hier wird klar: Wenn Sie nicht mit einem Finanzexperten sprechen, erzeugt diese Argumentation wenig »Habenwollen-Impulse« im Gehirn Ihrer Kunden. Wie sähe nun eine erfolgreiche, hirngerechte Argumentation aus?

Wir beginnen mit der rechten Gehirnhälfte: »Wenn Sie in diesen Fond investieren, können Sie sich, wenn Sie wollen, am Ende der Laufzeit ein wunderschönes Mini-Cabrio leisten und einen Sonnentag wie heute bei offenem Verdeck genießen.« (Die Bankberaterin kennt natürlich die Kundin und ihren Lebensstil.)

Jetzt kommt das Futter für die linke Gehirnhälfte: »Dieser Fond wurde von unserer Bank speziell für Berufseinsteiger zum Vermögensaufbau entwickelt. Der Fond wirft jedes Jahr 4 % Zinsen ab, diese werden aber nicht ausgeschüttet, sondern wieder angelegt und verzinst.«

Beispiel 3: B2B-Bereich
Natürlich funktioniert das Ganze auch im B2B-Bereich. Auch hier ein fiktives Beispiel. Angenommen, Sie wollen Ihrem Kunden, einem mittelständischen Händler, eine neue Warenwirtschaftssoftware verkaufen. Ihre Verkaufsargumentation lautete bisher:

»Durch unsere Software können Sie Ihren Lagerbestand bei gleicher Lieferbereitschaft um 5 % senken. Zudem wird die Bestandsführung wesentlich vereinfacht.«

Wie sieht nun die neue, hirngerechte Argumentation aus? Zuerst das emotionale Bild für die rechte Hirnhälfte: »Unsere Software drückt Ihnen jeden Freitagabend 500 Euro Extragewinn in die Hand und sorgt dafür, dass Sie nach Geschäftsschluss eine halbe Stunde früher zu Ihrer Familie nach Hause kommen.«

Anschließend folgt die Begründung für die linke Hirnhälfte: »Durch unsere Software können Sie nämlich Ihren Lagerbestand bei gleicher Lieferbereitschaft um 5 % senken. Die vollautomatische Wareneinnahme und Bestandsführung spart Ihnen mehr als drei Stunden Zeit in der Woche.«

10.6 Metaphern – Der Weg direkt ins Hirn

In den vorangegangenen Abschnitten haben wir die Macht von Bildern in unserem Gehirn behandelt. Eng damit verwandt sind sogenannte Metaphern. Metaphern sind Begriffe oder Sprachbilder, deren Sinn sich durch die Übertragung eines Bedeutungszusammenhangs ergibt. Das klingt etwas kompliziert, aber ein Beispiel macht schnell klar, um was es geht.

In der Flüchtlingsdebatte wird gerne die Metapher »Das Boot ist voll« verwendet. Was passiert in unserem Bewusstsein, wenn wir diese Metapher hören? Sofort entsteht ein Bild: Wir sitzen in einem vollen Rettungsboot bei stürmischem Seegang und jeder weitere Passagier würde dieses Boot zum Sinken bringen. Und nicht das »Schiff« ist voll, sondern das »Boot«, weil ein Boot viel kleiner und schiffbruchgefährdeter ist. Wir selber erleben uns als Teil dieser gefährlichen Szene und die unbewusste Reaktion scheint sich von selbst zu verstehen: »Kein weiterer Flüchtling kommt ins Land!« Wenn wir unseren Verstand einschalten (das ist mühsam), wird einiges klarer. Erstens: Unser Land ist kein Boot, das sinken kann. Zweitens: Von »voll« kann keine Rede sein – viele Landstriche in Deutschland leiden unter Bevölkerungsschwund.

Die Übertragung des Bedeutungszusammenhangs »volles Boot« auf die Flüchtlingsdebatte macht deutlich, was Metaphern können: Sie vernebeln unsere Sinne und unseren Verstand und sie suggerieren Wahrheiten, die gar keine sind. Gleichzeitig aktivieren sie, wie in dem Bild »Das Boot ist voll«, unsere Emotionen und Urängste und daraus folgen bestimmte Handlungsreflexe. Das Gleiche passiert, wenn wir von einer »Flüchtlingswelle« hören. Sofort entsteht ein hochemotionales Bild in unserem Kopf, nämlich eine meterhohe Flutwelle, die uns und unser Land überschwemmt und verwüstet. Klar ist: Wir sind in diesem Bild die armen Opfer, die diesem Schicksal wehrlos ausgeliefert sind.

Diese Überlegungen machen die Wirkung von Metaphern deutlich: Metaphern lösen sofort starke emotionale Bilder in unserem Kopf bzw. in dem unseres Kunden aus. Und sie lenken das Denken, ohne dass wir dies bemerken. Auch der frische »Mai-Regen« im vorhergehenden Abschnitt war eine Metapher. Jeder erfolgreiche Politiker kennt und nutzt die starke Wirkung von Metaphern – sie sind die wirksamste Waffe in der politischen Diskussion und der Wählerbeeinflussung. Auch der Erfolg von Beratungs- und Verkaufsgesprächen lässt sich durch den gezielten Einsatz von Metaphern erheblich steigern.

10.7 Storytelling – Mit Geschichten emotionale Bilder erzeugen

Die besondere Wirkung an der in Kapitel 10.5 vorgestellten Argumentationsstrategie liegt darin, dass wir zunächst in der Vorstellungswelt und Phantasie des Kunden emotionale »Habenwollen-Bilder« erzeugen. Diese Bilder sind eigentlich schon ganz kleine, emotionale Geschichten. Menschen lieben Geschichten. Als kleine Kinder saßen wir abends andächtig im Bett und lauschten der Gutenachtgeschichte der Eltern. Und als Erwachsene sitzen wir genauso andächtig abends vor dem Fernsehen, das uns in Spielfilmen, Krimis und Dokumentationen ebenfalls Geschichten erzählt. Geschichten emotionalisieren und schaffen Wert. Viele Untersuchungen zeigen, dass Produkte, die mit einer guten Geschichte versehen sind, den erzielten Verkaufspreis für ein Produkt um 30 % und mehr steigern können. Ein schönes Beispiel für die wertsteigernde Wirkung von Geschichten bietet die Gesichtscreme »La Mer« von Estée Lauder. Ein kleines Döschen kostet mehr als einen dreistelligen Eurobetrag. Was macht das Produkt so teuer? Ist es die versprochene Wirksamkeit? Vielleicht, aber allzu wirksam kann das Produkt, wie übrigens alle kosmetischen Antifalten-Cremes, nicht sein, weil sie sonst als Medizinprodukte einer strengen Kontrolle unterlägen. Das wirklich wertsteigernde ist die Geschichte, wie dieses Produkt »erfunden« wurde. Der Schöpfungsmythos liest sich so: Vor einigen Jahrzehnten wollte der amerikanische Chemiker Dr. Max Huber einen neuen Raketentreibstoff entwickeln. Leider ging die Sache daneben, das Gemisch explodierte und das Gesicht des unglücklichen Erfinders war nach der Heilung mit tiefen Narben entstellt. Dr. Max Huber forschte nun in eigener Sache. Er suchte nach einem Wirkstoff, der alle seine Falten und Narben beseitigte. Er hatte – so erzählt es die Geschichte – Glück: Vor der Küste von Kalifornien fand er eine bestimmte Algenart mit einem besonderen Wirkstoff. Er experimentierte und durch Zufall entdeckte er, dass man diesen Wirkstoff noch viel potenter machen kann, wenn man ihn mit sphärischen Unterwasserklängen längere Zeit bestrahlte. Selbstverständlich, wie für jeden Mythos wichtig, ist dieser Prozess streng geheim. Wichtig war das Ergebnis. Dr. Max Hubers Narben verschwanden, so die Geschichte, mithilfe dieser phantastischen Creme. Und weil diese Geschichte so schön ist, taucht sie auch immer im Bewusstsein einer Käuferin auf, wenn sie hingebungs- und erwartungsvoll diese Creme aufträgt.

Gerade für Konsumgüterverkäufer ist die Fähigkeit, Geschichten zu erzählen, von besonderer Bedeutung. Geschichten schaffen Wert im Kundengehirn. Und sie haben eine weitere Eigenschaft: Sie werden von Kunden gerne weitererzählt. Viele Produkte werden, wie wir gesehen haben, gekauft, um Nachbarn, Freunde und Bekannte zu beeindrucken. Und wenn man dann zum Produkt eine spannende Geschichte erzählen kann – wo das Produkt herkommt, aus welchen besonderen Materialien es besteht, welche spannenden Menschen das Produkt erfunden haben –, leuchten die Augen der Kunden und ihrer Bekannten.

Geschichten steigern den emotionalen Wert eines Angebots oft um ein Vielfaches.

Geschichten auch im B2B-Bereich?

Ist Storytelling auch im B2B-Geschäft erfolgreich? In einem Verkäufertraining, das ich vor einiger Zeit für ein Unternehmen gemacht habe, das großformatige Profi-Digitaldrucker verkauft, kamen wir natürlich auch zu dieser Trainingseinheit. Zunächst wollten die Verkäufer nicht glauben, dass sich ihre Produkte zum Storytelling eignen würden. Aber eine einfache Übung sorgte für ein großes Aha-Erlebnis! Ich ließ die Vertriebsmannschaft erarbeiten, bei welchen interessanten und spannenden Kunden und in welchen spannenden Einsatzorten ihre Produkte verwendet wurden. Einige Auszüge aus dem Brainstorming:

- auf einem Polarforschungsschiff
- bei der Entwicklung eines neuen Hubschraubers
- bei der Entwicklung eines Weltraum-Satelliten
- bei einem der bekanntesten internationalen Architekten
- bei einer Copyshop-Kette usw.

Im nächsten Schritt erarbeiteten wir, welche Produktvorteile sich im Kundengehirn automatisch mit diesen Geschichten vom Einsatzort verbinden ließen:

- Polarforschungsschiff = Robustheit und Haltbarkeit
- Hubschrauber und Satellit = Hightech und System-Integration
- Architekt = Design und Umwelt
- Copyshop = einfache und sofort verständliche Bedienung

Geschichten können Produktvorteile in einzigartiger Weise transportieren. Der Verkäufer unseres Digitaldruckers aus dem Beispiel könnte argumentieren:

Verkäufer: »Unser Drucksystem 2104 ist extrem robust und auf lange Haltbarkeit ausgelegt.«

Oder der Verkäufer nutzt eine Geschichte, um die Produktvorteile anschaulich zu vermitteln:

Verkäufer: »Unser Drucksystem 2104 arbeitet seit zwei Jahren störungsfrei auf dem Polarforschungsschiff »Nordpol«. Gleich ob draußen 40 Grad minus herrschen oder ob das Schiff vom zehn Meter hohen Wellengang umhergeworfen wird – noch nie ist unser Drucksystem ausgefallen.«

Was glauben Sie, welches der beiden Argumente größere Spuren im Kundengehirn hinterlässt?

! **Tipp**

Nutzen Sie Geschichten, um Ihre Argumente im Kundengehirn zu verankern.

Wo kommen gute Geschichten her?

Gleich ob im Konsumgüterverkauf oder im B2B-Geschäft. Es gibt unzählige Quellen für spannende Geschichten. Einige Beispiele:

- Herkunftsgeschichten
  Aus welchen exotischen Ecken dieser Welt kommt das Produkt oder der Rohstoff?
- Herstellungsgeschichten
  Mit welchen besonderen Verfahren wurde das Produkt hergestellt?
- Erfindergeschichten
  Wer war der Erfinder und wie kam die Erfindung zustande?
- Benutzergeschichten
  Welche spannenden Menschen/Unternehmen haben dieses Produkt gekauft?
- Einsatzgeschichten
  In welchen spannenden und gewöhnlichen Bereichen kommt das Produkt oder das Angebot zum Einsatz?

Es gibt noch viele weitere Quellen für Geschichten und als guter Verkäufer haben Sie ein großes Repertoire, das sie gezielt zum Einsatz bringen.

10.8 Verkaufen Sie über alle Sinne

Wir haben gesehen, dass die Sprache entwicklungsgeschichtlich ziemlich jung ist. Unsere wichtigsten Sinne – Sehen, Hören, Schmecken, Riechen, Tasten – sind aber sehr viel älter und sie haben nichts an ihrem Einfluss auf unsere Wahrnehmung und unser Entscheidungsvermögen verloren. Wir nutzen unsere fünf Hauptsinne in jeder Sekunde. Wir könnten nicht ohne sie leben oder gar überleben. Die meisten Menschen riechen ganz routinemäßig kurz an der Milch, bevor sie diese über ihr Müsli oder in den Kaffee gießen. Diese Vorsichtsmaßnahme läuft instinktiv ab. Sie ist meist das Ergebnis von schlechten Erfahrungen. Das Riechen von Signalen des Verderbens bewahrt uns vor schlecht gewordenen Nahrungsmitteln. Wenn wir Fleisch und Gemüse auswählen, setzen wir unseren Geruchssinn, aber auch andere Sinne ein. Obst prüfen wir auf verfaulte Druckstellen oder Wurmlöcher, bei Fleisch achten wir auf die Färbung und riechen, ob es gut abgehangen oder vielleicht schon überreif ist. Wir öffnen Marmeladengläser in der Erwartung den »Klick« zu hören, der bedeutet, dass der luftdicht versiegelte Inhalt bisher unberührt war. Offensichtlich spielen unsere Sinne eine lebenswichtige Rolle bei der Bewertung von Produkten. Im Verkaufsgespräch bleiben sie aber meist völlig unberücksichtigt. Lediglich das Sehen in Form von Prospekten, PowerPoint-Präsentationen usw. und das Hören der Verkäuferworte beherrscht bis heute den Verkaufsakt. Aber: Alles, was wir über unsere Welt aufnehmen, nehmen wir über unsere fünf Sinne auf. Unsere Erfahrungen werden über die Sinne vermittelt und unsere Erinnerungen bestehen aus emotionalen Sinngestalten, an denen alle unsere Sinne beteiligt sind. Wenn wir in unserem Kundengehirn dauerhaften Eindruck hinterlassen wollen, dann reicht es nicht aus, auf den Kunden einzureden: Wir müssen ihm unser Produkt und unser Angebot über alle Sinne vermitteln. Und ihn mit all seinen Sinnen eigene Erfahrungen mit unserem Angebot machen lassen. Schauen wir uns die einzelnen Sinne und ihre Möglichkeiten zunächst der Reihe nach an. Am Ende dieses Abschnitts erfahren wir dann, was passiert, wenn man alle Sinne zugleich aktiviert. Wir beginnen mit dem Hören.

Wie man die Ohren des Kunden begeistert

Die »Ohren« sind hier natürlich nur eine Metapher für den Hörsinn. Denn das, was durch die Ohren wahrgenommen wird, erhält erst im Gehirn Sinn, Wert und Bedeutung. Beginnen wir zunächst mit dem Konsumbereich. Wie erklärt ein guter Verkäufer einer Kundin, warum zum Beispiel eine Miele-Waschmaschine doch um einiges teurer als die Konkurrenz ist? Natürlich kann er jetzt lange Vorträge halten und vom Hersteller und seiner besonderen Qualität schwärmen. Spitzenverkäufer machen aber etwas ganz anderes. Sie verkaufen die Waschmaschine über das Ohr! Sie bitten den Kunden zunächst, die Maschine zu schließen und dabei auf das Geräusch zu achten. Ein eher dunkles, sattes »Plupf« beim Einrasten der Klappe signalisiert: »Präzision und Qualität«. Das gleiche Geräusch bei den Wettbewerbern hört sich viel heller und damit billiger an. Dann kommt das zweite große Hörerlebnis: Die Vorführmaschine wird eingeschaltet und was hört die Kundin: fast nichts! Nach diesen Hörerlebnissen braucht der Verkäufer nicht mehr allzu viel zu argumentieren. Im Konsumbereich kann ein Verkäufer viele Hörerlebnisse inszenieren:

- Der Autoverkäufer demonstriert den Motorklang: sowohl von außen, wenn man hinter dem Auto steht, als auch von innen, wenn der Kunde im Fahrzeug sitzt. Zudem schließt und öffnet er die Tür.
- Der Möbelverkäufer klopft auf das Holz und lässt Türen und Schubladen einrasten.

Hörerlebnisse im B2B-Bereich

Ein Software-Verkäufer tut sich hier natürlich etwas schwerer als etwa ein Maschinenverkäufer, der ein reales Produkt verkauft. Ich erinnere mich an ein Training für die Verkäufer eines Getriebeherstellers. Der Hersteller hatte, und darauf gründete sein Verkaufserfolg, eine spezielle Präzisionsverzahnung erfunden. Der wichtigste Vorteil war die höhere Kraftübertragung und ein geringerer Verschleiß. Auch die Geräuschentwicklung war wesentlich niedriger: Dieser Produktvorteil wurde in den Verkaufsgesprächen zwar argumentiert, aber leider nicht demonstriert. Als ich im Trainingsabschnitt »Verkaufen mit allen Sinnen« auf die Wichtigkeit des Hörsinns hinwies, erkannte der Vertriebsleiter sein Versäumnis. Schon eine Woche später stand im Ausstellungsraum des Unternehmens eine Hörstation: Die eigene Verzahnung und die Wettbewerbsverzahnung wurden durch einen schnellen Motor angetrieben. Der Effekt war enorm: Die Wettbewerbsverzahnung war nicht nur lauter. Das leicht kratzende Geräusch war zudem auch wesentlich unangenehmer als das leise Surren der eigenen Verzahnung. Heute ist die Hörstation ein fester und sehr erfolgreicher Bestandteil jeder Verkaufspräsentation!

Tipp !

Sorgen Sie dafür, dass der Kunde Ihr Produkt auch hören kann.

Wie man die Finger des Kunden zum Komplizen macht

In unserer Sprache spiegelt sich die Wichtigkeit des Berührens und Greifens wider. Wenn jemand sagt »Ich begreife das nicht«, dann weiß unser Gehirn nicht, wie es mit dieser Sache umgehen soll. Kinder lernen die Welt durch das Spielen kennen, durch das Fühlen und Greifen von Dingen. Unser Tastsinn (ebenso wie der Gewichtssinn) liefert uns emotionale Botschaften:

- Ein Cashmere-Schal signalisiert Wärme, Leichtigkeit und Geborgenheit.
- Eine große Silbermünze signalisiert Festigkeit, Kontrolle und Beständigkeit.

Das Berühren allein ist für unser Gehirn schon eine wichtige emotionale Botschaft: Ist es rau? Ist es glatt? Ist es leicht? Ist es schwer? Im Vergleich zur Sprache, die ja erst umständlich im Gehirn verarbeitet werden muss, werden die Botschaften aus unseren Sinnen, insbesondere auch der Tastsinn, direkt und unmittelbar dem emotionalen Bewertungszentrum im Gehirn, dem limbischen System, zugestellt und entfalten dort ihre Wirkung. Stellen Sie sich einfach einmal vor, Sie kaufen ein teures Parfüm für sich oder als Geschenk und dieses Parfüm ist in einer leichten Plastikflasche aufbewahrt. Auch der Zier-Schraubverschluss ist aus leichtem Plastik: Es kann das beste Parfüm dieser Welt sein. Ihr Unbewusstes würde dieses Parfüm niemals zu einem hohen Preis kaufen.

Automobilhersteller zum Beispiel geben viele Millionen Euro dafür aus, damit sich das Auto im wahrsten Sinne gut anfühlt. Der Griff um das Lenkrad, die Stoff- oder Ledersitzbezüge, die Türgriffe, ja selbst das gefühlte Einrasten der Schalter ist ein kleines Erlebnis für die Finger. Leider vergessen viele Autoverkäufer, diese wunderbaren kleinen Erlebnisse bewusst zu inszenieren. Vor einiger Zeit bekam ich den Auftrag, das Verkaufstraining eines großen Autoherstellers zu konzipieren. Im alten Verkaufstraining wurden die Verkäufer mit komplexen (veralteten) psychologischen Kommunikationsmodellen überfrachtet, eine Trainingseinheit »Verkaufen über alle Sinne« suchte ich dagegen vergebens. Im Konsumbereich gibt es 1.000 Möglichkeiten, diese Tast- und Fühlerlebnisse zu bieten. Der Textilverkäufer demonstriert darüber die besondere Qualität der Verarbeitung und das Hautgefühl. Der Autoverkäufer wird über 50 spannende Fingerstationen finden, die das Auto von einer völlig neuen Seite zeigen. Der Möbelverkäufer braucht nach dem Fingererlebnis fast nicht mehr über die Holzqualität oder die Qualität der Möbelbezüge zu sprechen. Der Apple-Verkäufer wird lächeln, weil genau dieses besondere Fingererlebnis zu den wichtigsten Erfolgsfaktoren seiner Marke gehört.

! **Tipp**

Überlegen Sie vor jedem Verkaufsgespräch, wo Sie Ihrem Kunden kleinere oder größere Tasterlebnisse für seine Finger bieten können.

Jetzt werden Sie fragen: Aber lässt sich der Tastsinn auch für abstraktere Produkte einsetzen? Das soll ein kleines Praxisbeispiel zeigen. In der Vermögens-Erstberatung einer Bank ist der Finanzberater angehalten, das gesamte Finanzumfeld seines Kunden anzusprechen (Bausparen, Wertpapiere, Versicherungen, Immobilien usw.). Für viele Kunden ist das mühsam. Im Training für eine Bank wurde die Idee entwickelt, diese verschiedenen Vermögensbausteine in Form eines Puzzles zu gestalten, so dass der Kunde seinen Vermögensstatus spielerisch aufbaut. Inzwischen wurde dieses »Vermögenspuzzle« mit Prototypen im Verkaufsgespräch erfolgreich getestet und geht nun in Serie.

Lösen Sie den »Das ist meins«-Effekt im Kundengehirn aus

Wenn Kunden etwas in die Hand nehmen können, wird dadurch nicht nur eine emotionale Botschaft übermittelt und der Wert des Produkts verstärkt. Es wird zusätzlich ein weiterer wichtiger Kaufknopf im Gehirn aktiviert. Dinge, mit denen wir gespielt oder hantiert haben, betrachtet unser Gehirn als sein Eigentum. Und weil Verluste im Gehirn doppelt so stark zählen wie Gewinne, sträubt sich das Gehirn unbewusst, das Objekt wieder herzugeben. Mit anderen Worten: Das Objekt wird für das Gehirn wertvoller. Ein kleines Beispiel aus der Forschung verdeutlicht diesen Effekt. Versuchspersonen wurde ein Objekt präsentiert. Der einen Hälfte der Versuchspersonen wurde das Objekt gezeigt und vorgeführt (sie durften es aber nicht in die Hand nehmen), der anderen Hälfte wurde es in die Hand gegeben und sie durften einige Sekunden damit hantieren. Am Ende der Präsentation sollten die Versuchspersonen einen Preis angeben, zu dem sie dieses Objekt kaufen würden. Der Effekt: Die Versuchspersonen, die das Objekt nicht berühren durften, boten im Durchschnitt zwei Dollar, diejenigen, die es berühren durften, dagegen drei Dollar, also 50 % mehr. Eine solch große Wertsteigerung durch das Berühren zeigt sich nicht immer in dieser Größe, aber die Wirkung im Gehirn ist immer enorm!

> Wenn der Kunde Ihr Produkt längere Zeit in den Händen hat, möchte es sein Gehirn nicht mehr hergeben.

Erfolgreiches Verkaufen geht über die Nase

Auch der bedeutende Einfluss des Geruchssinns wird im Verkauf viel zu wenig genutzt. Dabei ist dieser chemische Sinn viel älter als das Sehen oder Hören. Erinnern Sie sich noch an die Situation, als Sie Ihr erstes neues Auto gekauft haben? Es hatte einen bestimmten Geruch. Es war der »Geruch-des-neuen-Autos«. Viele Menschen erzählen von diesem Geruch, als wäre dies der schönste Augenblick während des Kaufes. Gerüche verändern unsere Stimmung, wie wir schon in Kapitel 6.5 erfahren haben. Gerüche sind emotionale Botschaften: Ein Citrusduft erfrischt. Ein Vanilleduft entspannt. Und Gerüche lösen starke emotionale (Kindheits-)Erinnerungen aus. Wenn Erinnerungen durch einen spezifischen Geruch ausgelöst werden, spricht man von dem Proust-Phänomen. Marcel Proust erzählt in einer Schlüsselszene seines berühmten Romans »À la recherche du temps perdu«, wie ein Geschmacks- und Geruchserlebnis in einer Teestunde vergangene und vergessene Erlebnisse in ungeheurer Intensität zum Leben erweckt hat. Im Verkaufsgespräch lassen sich bei Produktpräsentationen Gerüche in unterschiedlichster Weise einsetzen: Als Emotionsverstärker, wenn Produkte gut oder natürlich wirken. Als Argumentverstärker, wenn Produkte im Vergleich zum Wettbewerb gar nicht riechen oder gar stinken.

Tipp !

Überlegen Sie, welche Geruchserlebnisse Sie bei Ihrer Produktpräsentation inszenieren können.

Alle Sinne gleichzeitig: die emotionale Wirkungsexplosion

Wir haben uns jetzt die für den Verkauf wichtigsten Sinne im Einzelnen angeschaut. Was aber passiert, wenn wir beim Verkaufen alle Sinne des Kunden gleichzeitig ansprechen? In unserem Gehirn gibt es ein Phänomen, das von herausragender Bedeutung für den Verkauf ist. Man nennt es Multisensory Enhancement oder multisensorische Verstärkung. Was ist darunter zu verstehen und was ist die Ursache für dieses Phänomen? Wenn zeitgleich über unsere unterschiedlichen Wahrnehmungskanäle die gleiche Botschaft in unser Gehirn dringt, gibt es einen neuronalen Verstärkermechanismus. Dieser Mechanismus führt dazu, dass wir in unserem Bewusstsein das Ereignis bis zu zehnmal so stark erleben, als man dies aus der summierten Stärke der einzelnen Sinneseindrücke erwarten könnte. Überlegen Sie sich also vor jedem Verkaufsgespräch, an welchen Stellen Sie in Ihrer Argumentation oder Präsentation kleine Inszenierungen einbauen können, die alle oder viele Sinne zugleich ansprechen!

Tipp !

Wenn Sie alle Sinne zugleich ansprechen, kommt es zur emotionalen Wirkungsexplosion im emotionalen Gehirn Ihrer Kunden.

10.9 Nutzen Sie die emotionale Kraft der Marke

Die meisten von Ihnen verkaufen keine No-Names, sondern Markenprodukte. Dabei spielt es keine Rolle, ob es sich um so bekannte Konsumgütermarken wie BMW, Coca-Cola, Milka oder Apple handelt oder Marken aus dem B2B-Geschäft, die nur einer Fachzielgruppe bekannt sind, wie zum Beispiel Knorr-Bremse, Kuka oder Trumpf. Aus vielen Untersuchungen weiß man, dass Marken Kaufentscheidungen erheblich beeinflussen. In einer klassischen Untersuchung, die schon vor einigen Jahren durchgeführt worden ist, wurden Versuchspersonen Coca-Cola und Pepsi-Cola angeboten. Allerdings war dabei das Markenlogo verdeckt. Allein der Geschmack zählte. Das Ergebnis: 51 % wählten Pepsi-Cola, 44 % wählten Coca-Cola und 5 % konnten sich nicht entscheiden. Im zweiten Durchgang wurden wieder Coca-Cola und Pepsi-Cola gereicht. Dieses Mal aber sahen die Versuchspersonen das zugehörige Markenzeichen. Das Ergebnis hier: Nur 25 % wählten Pepsi-Cola, aber 63 % Coca-Cola, der Anteil der Unentschlossenen lag bei 12 %. Die starke Marke Coca-Cola hat also dazu geführt, dass der Anteil der Coca-Cola-Käufer um 34 % gestiegen ist.

Effekte in dieser Größenordnung gibt es im B2B-Bereich relativ selten, aber auch B2B-Marken machen Angebote wesentlich attraktiver und wertvoller.

Was passiert im Gehirn des Kunden, wenn man ihm starke Marken zeigt? Eine Forschergruppe in Münster hat mithilfe des Hirntomografen untersucht, ob es Unterschiede in der Hirnreaktion bei schwachen oder starken Marken gibt. Und die gibt es. Gute und starke Marken sorgen für folgende Veränderungen im Kundengehirn:

- Sie **deaktivieren** das Schläfenhirn. Im Schläfenhirn ist aber der Sitz des bewussten Denkens. Starke Marken scheinen dem Gehirn zu sagen: »Du brauchst über mich nicht lange nachzudenken. Mir kannst Du unbesehen vertrauen.«
- Sie **aktivieren** unser Stirnhirn. Das Stirnhirn (direkt über den Augen) wird zum limbischen System gezählt und in ihm werden unter anderem unsere emotionalen Erfahrungen gespeichert.

Man kann es so zusammenfassen: Starke Marken verstärken den emotionalen Wert von Angeboten und bauen gleichzeitig das Misstrauen gegenüber dem Angebot ab.

! **Tipp**

Stellen Sie das Licht Ihrer Marke nicht unter den Scheffel. Nutzen Sie die Kraft der Marke, um den Emotionswert Ihres Angebotes auf- und das Misstrauen des Kunden dagegen abzubauen.

Schaffen Sie ein attraktives Umfeld für Ihr Angebot

Doppelt genäht hält besser: Erinnern Sie sich noch an die Themen aus Kapitel 6? Das Gehirn unserer Kunden nutzt immer auch die Umfeldinformation, um den emotionalen Wert eines Produktes zu bestimmen. Deswegen noch einmal unsere Empfehlung:

! **Tipp**

Denken Sie nicht nur an das Angebot selbst. Achten Sie auch darauf, dass Sie das Umfeld Ihres Angebots emotional aufwerten.

11 Brain-Pricing: So halten Sie Ihren Verkaufspreis hoch

Was Sie in diesem Kapitel erwartet

Wenn wir mit unserem Kunden über Geld und Preise sprechen, hat dies physiologische Auswirkungen in seinem Gehirn. Das Schmerzzentrum wird aktiv und das Misstrauen gegen den Verkäufer nimmt zu. Wie man Preis und Leistung eines Produkts hirngerecht darstellt und was man sonst noch tun kann, um Rabatte zu verhindern, erfahren Sie in diesem Kapitel.

11.1 Was Geld im Gehirn auslöst

Im vorangegangenen Kapitel haben wir dem Kunden unser Angebot schmackhaft gemacht, durch Emotionalisierung den Wert erhöht und den »Habenwollen-Trieb« verstärkt. Doch irgendwann wird Ihr Verkaufsgespräch zu dem Punkt kommen, an dem der Kunde fragt: Was kostet das? Wir sind also beim lieben Geld angelangt. Bevor wir einige Strategien kennenlernen werden, wie wir auch im Preisgespräch das Kundengehirn auf unsere Seite bringen, müssen wir uns zunächst einmal kurz damit beschäftigen, was Geld für das Gehirn überhaupt bedeutet.

Angenommen, ich würde ihnen 100.000 Euro schenken. Was würde in Ihrem Bewusstsein sofort passieren? Sie würden sich freuen (Belohnungssystem). Gleichzeitig würden in Ihrem Bewusstsein auch Bilder davon auftauchen, was Sie mit diesem Betrag alles anstellen könnten: ein neues Cabrio, eine Luxusuhr oder die Renovierung der Wohnung. Wenn in Ihrem Hirn nicht das Stimulanz-, sondern das Balancesystem das Sagen hätte, würden Sie dagegen eher daran denken, Ihre Altersvorsorge aufzustocken oder das Geld mündelsicher anzulegen. Einerlei was Sie damit tun: Sie aktivieren mit Geld immer Ihre Emotionssysteme. Über das Cabrio freut sich das Stimulanzsystem über die Luxusuhr das Dominanzsystem und über Ihre Alterssicherung das Balancesystem. Geld ist also unmittelbar mit emotionaler Belohnung verbunden.

Diesen Zusammenhang kann man auch im Hirntomografen beobachten: Wenn Sie einer Versuchsperson Geld geben, sieht man, wie das Belohnungszentrum im Hirn aktiviert wird. Geld hat aber noch eine weitere wichtige Eigenschaft: Es hat immer auch ein Zukunftspotenzial. Mit dem Geld, was Sie heute in der Tasche haben, können Sie sich morgen etwas kaufen: Sicherheit, Macht, Spaß und natürlich auch Liebe.

Was passiert aber, wenn wir Geld ausgeben müssen oder Geld verlieren? Auch hier gibt der Hirntomograf die Antwort: Das Schmerzsystem im Gehirn wird aktiviert! Konkret: Wenn wir Geld ausgeben müssen, sind im Gehirn die gleichen Bereiche aktiv, die auch bei Zahnschmerzen feuern. Und wir wissen bereits: Geldabgabe oder Geldverlust ist für das Gehirn doppelt so bedeutend wie Geldgewinn. Der gefühlte Schmerz, wenn Ihnen jemand 100 Euro abnimmt, ist doppelt so stark wie die Freude, die Sie empfinden, wenn Sie 100 Euro geschenkt bekommen.

Die Stellung Ihres Kunden im Unternehmen beeinflusst sein »Preis-Schmerz-Niveau«

Dieses Belohnungs- und Schmerzempfinden ist natürlich relativ. Für einen Manager, der 200.000 Euro im Jahr verdient, haben 100 Euro eine andere Bedeutung als für einen Hartz IV-Empfänger. Jeder Mensch hat, abhängig von seinem Vermögen und Einkommen, ein individuelles Preis-Wert-Gefüge. Für eine angestellte Verkäuferin in einem Juweliergeschäft sind die 30.000 Euro, die das Diamanten-Armband kostet, sehr viel Geld: Es ist ihr gesamtes Jahreseinkommen. Für den Multimillionär dagegen ist der Betrag viel geringer, diese Summe verbraucht er in der Woche. Mit dem Vorstand eines Unternehmens werden Sie in der Regel nicht um 500 Euro feilschen: Angesichts seiner finanziellen Situation sind das »Peanuts«. Für einen Sachbearbeiter in der unteren Unternehmenshierarchie dagegen sind 500 Euro viel Geld. Das ist der Betrag, den er netto pro Woche nach Hause bringt. Die Geld-Wert-Rechnung wird durch einen weiteren Faktor beeinflusst: Status und Macht! Für einen Manager bedeutet die Berechtigung, Geld auszugeben, auch Status. Je größer die Summen, über die er allein entscheiden kann, desto größer ist seine Macht. Ein zu billiges Angebot kann deshalb sogar das Gegenteil bewirken. Sie und Ihr Angebot werden nicht ernst genommen, weil Sie nicht in der gleichen Liga wie unser Alphatier spielen!

! **Tipp**

Richten Sie die Preisfindung auch an der Stellung und Hierarchie Ihres Kunden aus.

Fremdes Geld bekommen Sie einfacher

Bleiben wir noch kurz beim Schmerz, den das Geldausgeben im Gehirn verursacht. Dieser Schmerz tritt natürlich nur beim eigenen Geld ein! Ein Investmentbanker, der mit dem Geld seiner Kunden spekuliert, hat im Verlustfall ein wesentlich geringeres Schmerzempfinden als der von ihm geprellte Kunde. Fremdes Geld gibt sich viel leichter aus als das eigene. Es ist deshalb ein Unterschied, ob Ihr Kunde das eigene Geld ausgibt oder als Manager das Geld des Unternehmens verteilt. Wenn Sie mit dem Unternehmensinhaber verhandeln, müssen Sie sich aus diesem Grund auf einen größeren Widerstand und eine härtere Preisverhandlung einstellen.

11.2 Bei Geld hört die Freundschaft auf

An diesem Sprichwort ist durchaus einiges dran. Wenn Geld ins Spiel kommt, hört nämlich der Spaß, genauer gesagt die Sympathie, die ihnen entgegengebracht wird, auf. In vielen psychologischen Versuchen zeigt sich, dass allein die Präsentation von Worten, die mit Geld zu tun haben, das Verhalten der Versuchspersonen verändert. Wenn man mit Menschen über Geld spricht, ihnen Geld zeigt oder in die Hand gibt, werden sie auf einen Schlag egoistischer. Sie sind weniger hilfsbereit und erhöhen sogar die räumliche Distanz zu ihren Mitmenschen. In dem Moment, in dem Sie also beginnen, über den Preis des Produkts, also über Geld zu sprechen, nimmt die gefühlte Distanz zu Ihnen als Verkäufer zu und das Vertrauen in Sie etwas ab. Oft genug – denken Sie dabei an Ihre Spiegelneuronen – lassen wir uns von diesem kühleren Klima beeinflussen und reagieren unsererseits mit größerer Distanz. Der Effekt: Das Gesprächsklima kühlt (zu unseren Ungunsten) merklich ab.

Tipp !

Bringen Sie den Preis so spät wie möglich ins Spiel. Versuchen Sie, so lange es geht zu vermeiden, über Geld und Preise zu sprechen.

Das Kundengehirn schaltet bei Geld in den Rechenmodus

Neben der unbewussten Distanzierung passiert noch etwas anderes im Kundengehirn. Während unserer hoffentlich emotionalen Produktpräsentation haben wir verstärkt die rechte Hirnhälfte angesprochen. Sobald es aber um den Umgang mit Zahlen geht, wird die linke Hirnhälfte aktiv. Und sie bleibt es auch! Jetzt geht unsere Verhandlung nämlich im Zahlenmodus weiter. Aber keine Sorge: Auch hier gibt es aus Sicht der Hirnforschung und Psychologie einige Tricks, um erfolgreich aus einer Preisverhandlung rauszugehen. Wie funktioniert das? Ganz einfach: Wir Menschen sind ja sehr stolz auf unsere enormen Denkfähigkeiten. Doch dabei gibt es ein kleines Problem: Das Kundengehirn vermeidet gerne schwierige Rechenoperationen und sucht lieber einfache und plausible Abkürzungen. Auch wenn diese suboptimal sind. Diese kleinen »Brain Bugs« nutzen wir auch während der Preis-Leistungsverhandlung. Beginnen wir mit der Leistungsdarstellung.

11.3 Wie man die Preis-Leistung verbessert

Das tägliche Brot eines Verkäufers ist es, Produkte oder Angebote zu verkaufen, die objektiv gesehen nur ein bisschen besser sind als diejenigen des Wettbewerbs. Wirkliche Revolutionen, also Produkte, die so einzigartig sind, dass sie Ihnen von Ihren Kunden aus den Händen gerissen werden, sind eher selten. Wenn nun im Kundengehirn die Preis-Leistungsrechnung beginnt, geht es darum, die Leistungsvorteile des eigenen Angebots möglichst groß zu machen. Wie funktioniert das? Ganz einfach. Man nimmt relative Zahlen und keine absoluten. Schauen wir uns das etwas genauer an: Im Focus Online war zu lesen: »Hai-Angriffe: Doppelt so viele Tote wie 2010.« Wenn wir diesen Satz lesen, stornieren wir doch umgehend unseren Strandurlaub, weil wir erwarten, dass im Meer ein gefräßiger Hai lauert. »Doppelt so viel« ist eine relative Zahl. Nun schauen wir uns die absolute Zahl an. Im Jahr 2010 wurden weltweit sechs tödliche Hai-Attacken registriert. In 2011 waren es zwölf. Wenn man bedenkt, wie viele Millionen Menschen jeden Tag irgendwo im Meer baden, ist die Gefahr, von einem Hai gefressen zu werden, fast null!

Meister in dieser Disziplin sind die Pharmakonzerne, die es erfolgreich verstehen, aus »Wirkungs-Mücken« »Wirkungs-Elefanten« zu machen. Ein Pharmahersteller pries sein Arzneimittel damit an, dass dieses Mittel das Risiko, einen Schlaganfall zu bekommen, um 48 %, also um fast die Hälfte, senken würde. Welcher Arzt würde angesichts dieser Argumentation des Pharmavertreters nicht gleich zu diesem Wundermittel wechseln? Aber was bedeuten 48 %? Heißt das, von je 100 Personen mit Risikofaktor bekommen 48 weniger einen Schlaganfall? Nein – 48 % ist eine relative Zahl. Nun zu den absoluten Zahlen: In der Originalstudie steht, dass in der Kontrollgruppe – Risikopatienten ohne Medikamenteneinnahme – 2,8 % einen Schlaganfall bekommen haben. Von den Patienten, die das Medikament eingenommen haben, waren es aber nur 1,3 %. Man sieht, wie leicht sich auch unser Großhirn austricksen lässt. Wer mehr über solche Zahlentricks erfahren möchte, dem sei das Buch »Warum dick nicht doof macht und Genmais nicht tötet: Über Risiken und Nebenwirkungen der Unstatistik« von Thomas Bauer, Gerd Gigerenzer und Walter Krämer empfohlen, aus dem auch die hier aufgeführten Beispiele stammen.

Nun ein Verkaufsbeispiel aus dem Automobilverkauf. Die Einspritztechnik Ihres Wettbewerbers senkt den bisherigen Kraftstoffverbrauch von 10 Liter auf 9,7 Liter – das sind ca. 3 %. Die Technik, die Sie verkaufen, senkt den Verbrauch auf 9,5 Liter, also mit ca. 5 % nur wenig mehr. In relativen Zahlen ist der Unterschied gewaltig: Ihre Technik ist um 40 % besser als die Ihres Wettbewerbs! Wären Sie Verkäufer des Wettbewerbsprodukts, würden Sie Ihre Nachteile natürlich in den kleinen absoluten Zahlen darstellen.

! **Tipp**

Nutzen Sie relative Zahlen, wenn Sie Produktvorteile darstellen. Nutzen Sie absolute Zahlen, wenn Ihr Produkt Nachteile hat.

Stückeln Sie große Preise in Kleine

Unser linkes Gehirn ist zahlengläubig und wir glauben, wenn wir eine Zahl sehen, würden wir präzise und rational denken. Aber das ist ein Irrtum. Das Kundengehirn hasst das Denken und damit auch das Nachrechnen. Zudem gibt es Geld nur sehr ungerne aus. Je größer die Summe, desto größer der Schmerz. In der Preisverhandlung kommt es also darauf an, den Preis so darzustellen, dass der Schmerz klein bleibt. Angenommen, Sie sind Versicherungsagent und möchten dem Kunden eine Haftpflichtversicherung verkaufen. Diese kostet 660 Euro Jahresprämie. Ihr Kunde hat ein Netto-Monatseinkommen von 2.400 Euro. Damit ist klar, dass diese Jahresprämie für ihn einen gewaltigen Batzen darstellt. Was tun? Ganz einfach: Sie nennen nicht den Jahrespreis, sondern stückeln die Prämie in Monatsraten auf: »Für nur 55 Euro im Monat sind Sie und Ihre Familie geschützt.« Das klingt für das Gehirn viel weniger als 660 Euro pro Jahr.

Tipp !

Verwandeln Sie hohe Verkaufspreise in kleine, verdaubare und schmerzfreie Preishäppchen.

Nutzen Sie symbolische Zahlenbedeutungen

Das Gehirn nutzt zum Entscheiden und Urteilen energiesparende Abkürzungen. Zahlen haben für unser Gehirn deshalb nicht nur eine Wertbedeutung, sie haben auch meist eine (emotionale) Zusatzbedeutung. Wenn Sie dem Kunden einen runden Verkaufspreis nennen, beispielsweise 30.000 Euro, dann wird sein Unbewusstes vermuten, dass Sie den eigentlichen Verkaufspreis zu seinen Ungunsten aufgerundet haben. Er misstraut Ihnen. Wenn Sie ihm aber einen Preis von 31.540 Euro nennen, sagt sein Gehirn: Das ist scharf kalkuliert! Die Wahrscheinlichkeit für einen Abschluss ist wesentlich größer, obwohl der Preis höher ist.

Tipp !

Vermeiden Sie runde Preise. Sie signalisieren dem Kunden, der Preis könnte zu seinen Ungunsten aufgewertet sein.

Bleiben wir bei der symbolischen Preisbedeutung. Ein Blick in die Angebote von Media Markt & Co zeigt das beliebte Spiel. Aus einem Verkaufspreis von 20,00 Euro werden 19,99 Euro. Für das Kundengehirn sind 19,99 Euro viel weniger als 20,00 Euro. Der gefühlte Preisunterschied ist ca. zehnmal größer als der reale von 0,01 Euro. Im Kundengehirn erscheint dieser Preis als 19 Euro plus ein paar Cent. Das Produkt wirkt billiger und scheint zusätzlich besonders knapp kalkuliert zu sein. Weil das Kundengehirn 9er-Preise liebt, ist es besser ein Produkt für 29 Euro zu verkaufen als für die eigentlich gerechtfertigten 25 Euro.

9er-Preise lassen ein Angebot erheblich preiswerter wirken.

Jedoch kann sich ein 9er-Preis auch in das Gegenteil verkehren. Nämlich dann, wenn der Kunde das Angebot noch nicht kennt und im Hintergrund immer noch ein Qualitätsrisiko vermutet. 9er-Preise lassen Produkte nicht nur preiswert, sondern auch billig (= geringere Qualität) erscheinen.

! **Tipp**

Vermeiden Sie 9er-Preise bei Angeboten, die für den Kunden unbekannt sind.

Spielen Sie mit der Preis-Sprache

Der Preis-Eindruck lässt sich aber nicht nur durch die Zahlendarstellung, sondern auch durch die Sprache manipulieren. Begriffe wie »Herstellerpreis«, »Aktionspreis«, »Einführungspreis« »Ausstellungspreis«, »Messepreis«; »Sonderpreis« lassen ein Angebot automatisch preiswerter erscheinen. Sie haben im Vergleich zum 9er-Preis noch einen Vorteil: Der Qualitätseindruck des Angebots wird nicht verändert, zusätzlich wird das Jagd- und Beutesystem im Gehirn aktiviert, auf das wir in Kapitel 12.4 noch zu sprechen kommen.

! **Tipp**

Geben Sie Ihren Preisen einen attraktiven Namen.

Weil das Wort »Preis« immer auch mit Verlust und dadurch mit Schmerz assoziiert ist, kann es in bestimmten Situationen sinnvoll sein, auf dieses Wort ganz zu verzichten. Wenn Sie zum Beispiel im B2B-Bereich eine technische Anlage verkaufen, sind wir, wenn es um den Kaufpreis geht, geneigt zu sagen »Diese Anlage kostet 22.500 Euro« oder »Der Preis dieser Anlage liegt bei 22.500 Euro«. Besser wäre in diesem Fall aber die Aussage: »Die Investition für diese Lösung liegt bei 22.500 Euro«. Während bei »Preis« das Geld weg ist, arbeitet bei »Investition« das Geld für den Kunden.

! **Tipp**

Im B2B-Bereich ist es besser, von »Investition« als von »Preis« zu sprechen.

Verändern Sie die unbewussten Preisanker

Von den meisten Dingen im Leben, die wir nicht täglich einkaufen, wissen wir nicht, was sie wirklich kosten. Bei vergleichbaren Konsumprodukten nutzen wir deshalb Preissuchmaschinen oder schauen ins Internet. Im B2B-Bereich funktioniert das selten, weil es sich bei B2B-Angeboten häufig um individuell auf die Kundenbedürfnisse zugeschnittene Angebote handelt. Der Kunde holt sich dann Wettbewerbsangebote ein. Aber oft sind auch diese nicht wirklich vergleichbar, weil sich die Angebote in einigen Leistungspositionen unterscheiden. Kurz gesagt, der Kunde weiß oft nicht, was der angemessene Preis ist. Sein Gehirn erträgt aber keine Unsicherheit und deshalb sucht es »hirnringend« nach einer Antwort. Bei dieser Suche kann das Kundengehirn gewaltig beeinflusst werden, weil es an allem festhält, was auch nur entfernt hilft, seine Unsicherheit zu verringern. Wie sich das Hirn täuschen lässt, zeigt folgender Versuch: Dabei wurden die Versuchspersonen in zwei Gruppen (A und B) aufgeteilt. Diesen zwei Gruppen wurden zunächst folgende Fragen vorgelegt:

Gruppe A: »Braucht man, um einen Jumbojet vollzutanken, mehr oder weniger als 500 Liter Kerosin?«

Gruppe B: »Braucht man, um einen Jumbojet vollzutanken, mehr oder weniger als 500.000 Liter Kerosin?«

Die Antwort auf diese erste Frage spielte keine Rolle. Denn im Anschluss wurde die eigentliche und für das Experiment entscheidende Frage gestellt: »Schätzen Sie jetzt einmal genau, wie viele Liter Kerosin gebraucht werden, um einen Jumbo vollzutanken?«

Die Gruppe A schätzte ca. 15.000 Liter, die Gruppe B 140.000 Liter – also fast zehnmal so viel. Die richtige Antwort war: ca. 200.000 Liter.

Die Antworten der beiden Gruppen fielen so unterschiedlich aus, weil die Gehirne der Gruppe A mit einem kleinen und die der Gruppe B mit einem großen Ankerwert präpariert wurden. Unbewusst hat sich das Gehirn an den jeweiligen Ankerwerten festgehalten und genauso unbewusst seine Entscheidung getroffen. Wir schauen uns jetzt an, wo und wie wir diese unbewussten Preisanker im Verkauf nutzen können.

Wie Sie Ihr Lieblingsprodukt häufiger verkaufen können

Nehmen wir einmal an, Sie wären Weinverkäufer und hätten zunächst zwei Weine im Angebot. Einen preiswerten um 5,65 Euro und einen etwas teureren um 12,95 Euro. Ein Blick in Ihre Warenwirtschaft zeigt, dass 85 % Ihrer Kunden den Wein um 5,65 Euro gekauft haben und nur 15 % den Wein um 12,95 Euro.

Abb. 33: Bei der Auswahl von zwei Weinen wählen Kunden zu 85 % den billigsten Wein.

Ihr Problem: Beim Wein für 12,95 Euro verdienen Sie viel Geld, während Ihnen beim billigen Wein für 5,65 Euro nur ein paar Cent übrigbleiben. Was können Sie jetzt tun, um von Ihrem teureren Lieblingswein mehr zu verkaufen? Wenn Sie alle Emotionalisierungsmöglichkeiten nutzen, die Sie im vorangegangenen Kapitel kennengelernt haben, wird Ihnen das sicher gelingen. Aber es gibt noch einen zweiten, weniger aufwendigen Weg: Sie verändern das »Billig-Teuer-Schema« im Gehirn Ihres Kunden. Denken Sie daran: Die meisten Preise sind für das Gehirn relativ. Wie machen Sie das? Sie stellen einfach noch einen viel, viel teureren Wein für 33,95 Euro zu Ihrem Angebot dazu. Und in Abbildung 34 sehen wir dann, wie sich der Abverkauf Ihres Lieblingsweins verändert.

Abb. 34: Durch Hinzunahme eines teuren Weins verändert sich der Preisrahmen im Kundengehirn.

Wählten vorher 15 % diesen Wein, sind es jetzt 28 %! Fast doppelt so viele Kunden haben nun Ihre Kasse gefüllt. Den besonders teuren Wein kaufen nur ganz wenige Kunden. Das macht aber nichts. Denn dieser Premiumwein hat als »Täuscher« seine Aufgabe bestens erfüllt. Aber was läuft bei diesem Trick im Unbewussten des Kundengehirns ab? Durch die Hinzunahme des teuren Weins wurde das unbewusste Bewertungsschema verändert. Während das Kundengehirn vorher die 12,95 Euro als teuer sah, waren es jetzt die 33,95 Euro, die den Eckpunkt »teuer« im Gehirn besetzten. Im direkten Vergleich dazu sind für das Gehirn nun die 12,95 Euro preiswert. Hier kommt noch ein weiterer unbewusster und uralter Mechanismus in unserem Gehirn zum Einsatz: Die Tendenz zur Mitte. In der Mitte ist die Sicherheit immer größer als am Rand. Das weiß auch jede Gazelle. In der Mitte der Herde lebt es sich sicher. Vom Löwen gefressen werden immer nur die Kollegen vom Herdenrand.

! **Tipp**

Etablieren Sie ein teures Angebot als oberen Täuschungsanker.

Von oben nach unten verkaufen

Die nächste Frage, die wir uns in diesem Zusammenhang stellen, lautet: In welcher Reihenfolge präsentieren wir dem Kunden unser Angebot? Beginnen wir mit dem billigsten Angebot, gehen dann zum mittleren und anschließend zum teureren? Oder machen wir es genau andersrum? Wir beginnen mit dem teuersten Angebot und gehen dann vom mittleren zum billigen? Die richtige Reihenfolge ist diese: Wir beginnen immer mit dem teuren Angebot: »Dieses Produkt für 3.950 Euro erfüllt mehr als Ihre Wünsche und hat zusätzlich noch zehn Jahre Garantie.« Anschließend gehen wir zum billigsten Angebot: »Wenn Sie nur die Grundfunktionen haben wollen und Ihnen zwei Jahre Garantie ausreichen, haben wir eine sehr preiswerte Alternative um 1.295 Euro.« Und genau in diesem Moment springt das Zauberkaninchen, das mittlere Angebot, aus dem Hut: »Aufgrund meiner langjährigen Erfahrung würde ich aber unser Angebot für 2.450 Euro empfehlen. Dieses Produkt hat alles, was Sie wirklich im Alltag brauchen und ebenfalls zehn Jahre Garantie.« Und: »Weil dieses Produkt so gut ist, ist es auch unser meist verkauftes Modell.« Was passiert bei dieser Argumentationsstruktur im Gehirn des Kunden: Zunächst einmal setzen wir einen oberen Preis-Orientierungsanker (»Aha, so viel kosten diese Produkte ungefähr.«). Das anschließende billige Angebot aktiviert jetzt durch den scheinbaren Preisnachlass das Belohnungszentrum im Gehirn (= positive Stimmung). Durch Ihre Empfehlung für das mittlere Produkt nutzen Sie nicht nur den zuvor beschriebenen Effekt »In der Mitte bin ich sicher!« Dadurch, dass Sie dem Kunden nicht das teure Produkt aufschwatzen, wie misstrauische Kunden erwarten würden, wächst nun auch das Vertrauen des Kunden zu Ihnen erheblich! Daraus leiten sich gleich zwei wichtige Tipps ab.

Tipps !

Tipp 1: Verkaufen Sie von oben nach unten ins Belohnungssystem Ihres Kunden. Stellen Sie also zunächst das teuerste Angebot vor und »belohnen« Sie ihn direkt anschließend mit dem günstigsten Angebot.

Tipp 2: Gehen Sie mit Ihrer Empfehlung, wenn möglich, in die vertrauensvolle Mitte.

Etwas differenzierter ist Sache bei Angeboten, die durch eine Zusatzausstattung oder einen Zusatzservice im Gesamtpreis erheblich differieren können. Hier kommt es darauf an, in welcher Phase sich der Verkaufsprozess befindet. Ein Beispiel: Ein Bauunternehmer will einen LKW kaufen, er ist aber noch unschlüssig, ob er den 7,5-Tonner von Mercedes, Scania oder Iveco usw. kaufen will. Er fragt bei den Händlern nach. Sie sind Verkäufer oder Verkäuferin bei Scania und nehmen den Anruf entgegen. Natürlich werden Sie dem Kunden eher den niedrigen Grundpreis für das Modell XY nennen (um ihn an die Angel zu bekommen). Im ersten Sondierungsgespräch werden Sie dann mögliche Zusatzausstattungen von unten nach oben anbieten. Völlig anders ist die Situation, wenn sich der Kunde im Prinzip schon für Scania und ein bestimmtes Grundmodell entschieden hat. Wenn er jetzt zu Ihnen in die Niederlassung kommt, werden Sie ihm das Wunschmodell mit voller Ausstattung vorführen und den Kunden alle diese teuren Extras ausprobieren lassen. In diesem Fall ist es besser, von oben nach unten zu verkaufen. Warum? Prinzipiell hat sich der Kunde schon entschieden und die Extras gefallen ihm natürlich. Unbewusst gehören diese schon zu seinem LKW. Wenn er jetzt Extras abwählt, ist dies für das Gehirn wie ein Verlust – und Verluste zählen, wie wir wissen, doppelt.

! **Tipp**

Wenn sich der Kunde schon für ein Modell/System entschieden hat, ist es besser, von oben nach unten zu verkaufen, also ihm zuerst das Modell/System in voller Ausstattung zu präsentieren.

Diese unbewussten Preisanker kann man übrigens auch schon lange vor dem eigentlichen Preisgespräch wie einen Virus ins Kundengehirn einschmuggeln. Stellen Sie sich einfach vor, Sie erzählen während Ihrer Produktpräsentation – Stichwort Storytelling – von einem renommierten anderen Kunden, der schon lange begeistert Ihr Produkt nutzt und dafür gerne die 150.000 Euro investiert hat. Auch wenn Sie wissen, dass das Angebot für den vor Ihnen sitzenden Kunden um einiges niedriger ausfallen wird, haben Sie durch diese Nebenbemerkung einen wichtigen Preisanker für das spätere Verkaufsgespräch gesetzt.

! **Tipp**

Setzen Sie die ersten unbewussten Preisanker schon lange vor dem eigentlichen Preisgespräch.

11.4 Machen Sie Ihren Preis unvergleichbar

Je einfacher ein Kunde Ihr Angebot mit dem Wettbewerb vergleichen kann, desto schneller sind Sie in Preisverhandlungen. Für Kunden ist es bei völlig vergleichbaren Angeboten leicht, uns in eine Bieterfalle zu locken. Sätze wie »Von Ihrem Wettbewerber haben wir ein Angebot, dass X % unter Ihrem liegt.« treiben die Rabatt-Bereitschaft und den Herzschlag eines jeden Verkäufers nach oben. Zur Vermeidung dieser Situation gibt es ein probates Mittel: Wir verstecken unser Angebot in einem Leistungsbündel, das einen transparenten Preisvergleich unmöglich macht. Diese Unkenntlichmachung der eigentlichen Preise nennt man deshalb in der Fachsprache auch »Bundling«. Diesen Verschleierungseffekt können wir noch verstärken, wenn wir in das Bündel auch Leistungsmerkmale packen, die vom Wettbewerb so nicht geleistet werden können und die sich dadurch jedem Preisvergleich entziehen. Ein Beispiel zur Verdeutlichung:

Markus Huber bietet einem großen Technologiehersteller eine Software für die Konstruktion an. Im Pflichtenheft des Unternehmens sind alle zu erfüllenden Punkte genau beschrieben. Was macht Herr Huber in seinem Angebot: Das Software-Programm wird in seiner Funktionalität genau beschrieben. Aber während der Wettbewerb seine Programme in den Computern des Kundenunternehmens mit allen Problemen der Schnittstellen installiert, bietet Herr Huber eine Plug-in-Lösung, mit der die gesamte Software inklusive Wartung und Updates outgesourct wird. Das Angebot von Markus Huber ist teurer, aber – und das ist der entscheidende Punkt – letztlich nicht vergleichbar! Diese Preisverschleierung wirkt immer dann, wenn es gelingt, in das Bündel unvergleichbare Leistungen zu schmuggeln. Dieses Bundling funktioniert nicht nur im B2B-Bereich. Es wird häufig auch sehr erfolgreich im Konsumbereich eingesetzt. Meister darin sind die Mobilfunkkonzerne, die ihre Tarife durch diese Verschleierungsstrategie unvergleichbar machen. Aber auch normale Verkäufer können diese Strategie nutzen.

Tipp !

Schnüren Sie Angebotsbündel mit unvergleichbaren Features.

11.5 Wie man Rabatte klein hält

Mit den oben beschriebenen Strategien gelingt es meist, den Preis hochzuhalten. Aber nicht immer. Vor allem wenn Einkäufer mit am Tisch sitzen, die zunächst nur am Preis drehen wollen, wird es schwierig. Bevor wir uns mit der Rabattgewährung auseinandersetzen, müssen wir uns kurz mit unserem eigenen Verkäuferhirn beschäftigen. Denn unter der gleichen Faulheit wie das Kundengehirn leidet auch unser Verkäuferhirn. Konkret: Wir machen uns nicht bewusst, was Rabatte kosten und welchen verheerenden Schaden diese in der Unternehmensbilanz anrichten können. Die durchschnittliche Umsatzrendite im produzierenden Gewerbe liegt bei ca. 5 % vom Umsatz. Im Einzelhandel sind es 3 bis 4 %. Wenn wir also einen Rabatt oder Nachlass von 5 % gewähren, vernichten wir den kompletten Gewinn des Unternehmens! Der zweite große Nachteil: Einmal gewährte Nachlässe betrachtet Ihr Kunde als Besitzstand. Bei einem Folgekauf wird Ihr Sonderpreis zum Normalpreis für den Kunden. Rabatte und Nachlässe sind für das Kundengehirn immer unerwartete Belohnungen. Aber wie wir wissen, hat das Belohnungssystem eine unangenehme Eigenschaft: Es gewöhnt sich schnell an die Belohnung, in diesem Fall an Ihren Rabatt. Und weil das Belohnungssystem nie zufrieden ist, will es immer mehr davon.

Tipp !

Wecken Sie das Belohnungssystem im Kundengehirn nicht: Gewähren Sie möglichst keinen Nachlass.

Aus diesem Grund gilt es, Nachlässe und Rabatte möglichst zu vermeiden. Wenn dies nicht möglich ist, gibt es doch noch einige Tricks, den Schaden in Grenzen zu halten (siehe Kapitel 12).

Arbeiten Sie mit attraktiven Zugaben

Für das Kundengehirn hat Geld zwar immer einen Belohnungswert. Aber Geld hat auch eine Besonderheit: Es ist ein eher abstraktes Konstrukt. Unser Gehirn liebt aber das Konkrete und Anfassbare. Dinge, die man anfassen und begreifen kann, haben für unser Gehirn deshalb einen besonders hohen Wert. Viel besser, als dem Kunden einen Geldbetrag als Nachlass einzuräumen, ist es, ihm ein »wertvolles« Geschenk zu machen. Ein kleines Beispiel: Ein Ehepaar wollte in einem Küchenstudio ein Angebot für eine exklusive Küche unterschreiben. Da die Küche nicht billig war, fragte die Frau nach einem Preisnachlass. Der Verkäufer zeigte dem Ehepaar zunächst nochmals, welche besonderen Leistungen in diesem Angebot enthalten waren, und sagte dann, dass es ihm leider unmöglich sei, einen Nachlass zu gewähren. Er zwinkerte dann mit den Augen und nahm das Ehepaar mit zu den Küchenutensilien: »Suchen Sie sich einen schönen Topf oder eine Pfanne für Ihre neue Küche aus!« Die Frau nahm sich eine schöne französische Gusseisen-Pfanne für 150 Euro aus dem Regal und war glücklich. Mit diesem geschickten Schachzug hatte er im Gehirn der Kunden mehrere Fliegen mit einer Klappe geschlagen:

- Die Pfanne wurde vom Kundengehirn als »Geschenk« bewertet. Geschenke verlangen aber eine Wiedergutmachung, weil sie unbewusst eine Verpflichtung aufbauen. In dem Moment, als die Frau zur Pfanne griff, war der Vertrag ohne weitere Verhandlung praktisch unterschrieben.
- Während ein Geldrabatt das Kundengehirn im egoistischen Kampfmodus belässt, verändert ein »Geschenk« sofort die Situation: Der Verkäufer wird wieder zum »Freund«.
- Für die Frau hatte die Pfanne einen Wert von 150 Euro. Das Küchenstudio kauft den Artikel wesentlich billiger ein, so dass sich auch der finanzielle Nachlass in Grenzen hält.

! **Tipp**

Katapultieren Sie den Kunden mit einem Geschenk als Zugabe aus dem Rabatt-Kampfmodus.

Geben Sie Leistungszugaben statt Rabatte

Was in unserem Beispiel aus dem Konsumbereich bestens funktioniert, klappt auch im B2B-Bereich. Es gibt natürlich einen Unterschied: Während der private Kunde das Geschenk für sich behalten kann, ist dies im B2B-Bereich anders. Ihre Zuwendung kommt dem Unternehmen und nicht Ihrem Kunden zugute. Auch hier gibt es viele Möglichkeiten, den Forderungen des Kunden nach Nachlässen entgegenzukommen, ohne dass es viel kostet und vor allem das Preisniveau nachhaltig zerstört. Dies können erweiterte Garantien sein oder zum Beispiel kostenlose Services, die Sie und das Unternehmen nicht viel kosten, aber für den Kunden einen hohen psychologischen Wert haben.

Mit immateriellen Leistungszugaben erhalten Sie das Preisniveau.

Gewähren Sie Rabatte niemals in Prozent

Manchmal lässt es sich einfach nicht vermeiden: Sie müssen »die Hosen etwas runterlassen« und einen finanziellen Nachlass gewähren. Aber auch hier gilt es, einige Besonderheiten unseres Gehirns zu beachten. Denn uns ist nicht bewusst, dass auch wir Verkäufer uns durch Zahlen täuschen lassen. Nehmen wir an, Sie machen einen Verkaufsabschluss über 50.000 Euro und der Kunde fordert einen Abschlag von 5 %. Das klingt zunächst einmal nach nicht viel. Was sind schon lächerliche 5 %? Und weil wir den Abschluss machen wollen, sagen wir zu. Völlig anders sieht die Sache aus, wenn wir für uns selbst den Nachlass in absoluten Zahlen darstellen. Aus 5 % werden 2.500 Euro und 2.500 Euro sind für das Gehirn sehr viel mehr als 5 %.

Tipp !

Als Verkäufer sollten Sie sich Ihre Rabatte und Nachlässe immer in absoluten Beträgen bewusstmachen.

Damit wird auch klar: Wenn wir zu Nachlässen gezwungen werden, sollten wir unserem Kunden niemals Nachlässe in Prozent anbieten, sondern immer in absoluten Zahlen. Denn auch für das Kundengehirn sind die absoluten Zahlen mehr als die relativen Prozentzahlen.

Tipp !

Gewähren Sie Rabatte und Nachlässe nur in absoluten Beträgen und nicht in Prozentzahlen.

11.6 Verfallen Sie nicht der Magie des Bargelds

Geld ist für unser Gehirn nicht gleich Geld. Wenn ich Ihnen 1.000 Euro bar in die Hand drücke, hat das für Ihr Gehirn einen wesentlich höheren Wert, als wenn ich Ihnen den gleichen Betrag auf Ihr Konto überweisen würde. Bargeld kann man sehen, anfassen, hören und mitunter sogar riechen. Und alles, was wir zeitgleich über alle Sinne erleben, wird in unserem Gehirn in seiner Bedeutung und Wirkung erheblich verstärkt. Anders ausgedrückt: Wenn uns Bargeld angeboten wird, schaltet unser Hirn in eine Art Gier-Modus und Gier schaltet den Verstand im wahrsten Sinne aus. Besonders clevere Kunden nutzen diese Schwäche unseres Verkäufergehirns, wie ein kleines Beispiel zeigt. Markus will sein Auto verkaufen und bietet es im Internet auf einer Verkaufsplattform an. Schon nach einer Stunde meldet sich ein Käufer, der das Auto gleich ansehen möchte. Markus hat sich ein Preislimit von 6.000 Euro gesetzt – darunter möchte er nicht verkaufen. Der potenzielle Käufer (ein Profi) kommt und kommentiert jeden kleinen Kratzer, um Markus unter Druck zu setzen. Markus ist schon etwas verunsichert. Nun aber zieht der Käufer aus der Innentasche ein dickes Geldbündel und sagt: »Hier sind 5.000 Euro für das Auto und der Kauf ist perfekt!« Ohne lange nachzudenken, schlägt Markus ein und hat für seine Verhältnisse viel Geld verloren. Das Geldbündel vor seiner Nase hat seinen Verstand ausgeschaltet und auch sein selbst gesetztes Preislimit außer Kraft gesetzt.

! **Tipp**

Fallen Sie beim Verkaufen nicht auf den Bargeld-Trick herein.

Vermeiden Sie Barzahlung

Im Beispiel des privaten Autoverkaufs hatten wir es mit einem Profi-Käufer zu tun, der gezielt die Magie des Bargelds eingesetzt hat. Der Tipp, Bargeld zu vermeiden, diente hier Ihrem Schutz. Bargeld zu vermeiden hat aber noch einen weiteren Vorteil im privaten Verkauf: Kunden, die mit EC- oder Kreditkarten kaufen, geben bis 20 % mehr aus als mit Bargeld! Die Trennung von Geld ist, wie wir gesehen haben, mit Schmerz verbunden. Dieser Schmerz wird aber erheblich gesteigert, wenn das Geld nicht abstrakt vom Konto abgebucht, sondern mit eigenen Händen, Augen und Ohren dem Verkäufer übergeben werden muss. Diesen Schmerz versucht das Gehirn natürlich weitgehend zu minimieren.

Ein weiterer Faktor spricht gegen das Bargeld. Das Geld, das der Kunde jetzt und gleich als Bargeld ausgibt, ist weg. Das Geld aber, das von dem Kreditkartenkonto eingezogen wird, wird erst nach einigen Tagen abgebucht. Für das Gehirn hat aber ein konkretes Ereignis im Hier und Jetzt eine wesentlich höhere Bedeutung als ein abstraktes Ereignis in der Zukunft. Damit ist die Argumentation für die bargeldlose Zahlung des Kunden aber noch nicht zu Ende: Der empfundene Schmerz bei der Bargeldzahlung hat nämlich noch eine weitere negative Eigenschaft: Die Stimmung des Kunden geht (tendenziell) in den Keller. Aus Kapitel 5 wissen wir aber, dass unsere Stimmung wesentlich dafür verantwortlich ist, wie wir die Welt und damit auch das gerade erworbene Kaufobjekt sehen. Sind wir guter Stimmung, freuen wir uns über das Kaufobjekt und betrachten dieses mit einer rosaroten (unkritischen) Brille. Bei schlechter Stimmung aber beginnen wir zu nörgeln und alles bis ins kleinste Detail zu kritisieren. Psychologische Untersuchungen zeigen genau dies: Kunden, die etwas mit der Kreditkarte gekauft haben, betrachten das Kaufobjekt nach dem Kauf viel positiver als jene, die es bar bezahlt haben. Und: Der Anteil der späteren Reklamationen ist bei bar bezahlten Produkten um bis zu 5 % höher als bei vergleichbaren Käufen mit der Kreditkarte!

! **Tipp**

Machen Sie sich und den Kunden glücklich: Lassen Sie ihn mit der Kreditkarte bezahlen.

12 Verhandeln: So kommen Sie zum Abschluss

Was Sie in diesem Kapitel erwartet

Wir haben in den beiden vorangegangenen Kapiteln das Angebot mundgerecht und schmackhaft aufbereitet und auch einiges über eine neuropsychologisch richtige Preisdarstellung erfahren. Nun geht es darum, den Verkauf abzuschließen. Wie es Ihnen gelingt, den Kunden zum entscheidenden »Ja« oder zur Vertragsunterschrift zu bewegen, erfahren Sie in diesem Kapitel.

12.1 Setzen Sie sich feste Verhandlungsziele

Leider weichen die Vorstellungen des Kunden über Umfang und Preis des Angebots von unseren eigenen oft ab. Wir wollen einen möglichst hohen Preis erzielen, während der Kunde ein Maximum an Leistung zu einem Minimum an Geld haben möchte. Diese Interessenlücke gilt es durch richtiges Verhandeln zu schließen. Bevor wir zu hirngerechten Verhandlungstaktiken kommen, müssen wir uns nochmals kurz mit der Verhandlungssituation und unseren Gegenspielern beschäftigen.

Wie wir in Kapitel 2 gelernt haben, können wir unser Gehirn auf ein Ziel programmieren. Wenn es zum Ende der Kaufverhandlung kommt, müssen wir unser Idealziel (das ist kein utopisches Ziel!) – also das Ziel, das wir mit Anstrengung erreichen können –, klar und deutlich fixiert haben. Bei komplexen Investitionsgütern machen wir das schriftlich, bei weniger aufwendigen Konsumgütern ist es ausreichend, wenn wir Verkaufspreis und Leistungsumfang mental formulieren. Zusätzlich formulieren wir eine absolute Untergrenze, unter die wir uns in keinem Fall drücken lassen werden. Zu dieser mentalen Vorbereitung gehört es natürlich auch, Alternativen und Ausweichrouten im Kopf zu haben.

Tipp !

Formulieren Sie klare und eindeutige Verhandlungsziele und setzen Sie eine Stopp-Loss-Marke.

12.2 Berücksichtigen Sie Ihre eigene Persönlichkeitsstruktur

Denken Sie bei der Zielformulierung an Ihre eigene Persönlichkeit, die maßgeblich daran beteiligt ist, wie hoch und realistisch das Ziel- und Anspruchsniveau ist, mit dem Sie in die Verkaufsverhandlung gehen:

- Der **Kunden-Versteher** formuliert seine Ziele in der Regel weit unter den Möglichkeiten, die der Kunde eigentlich zulässt.
- Der **Korrekte** landet mit seinen Zielen knapp unterhalb des realistischen und möglichen Wertes. Zudem läuft er Gefahr, dass er sich an Details festbeißt und alternative Lösungen übersieht.
- Der **Kunden-Begeisterer** überschätzt durch seine optimistische Grundhaltung, was tatsächlich möglich ist. Zudem neigt er zu einer chaotischen Vorbereitung: Alternative Wege werden meist nicht sorgfältig genug durchdacht. Allerdings ist er spontan genug, sich schnell auf eine neue Situation einzustellen.
- Der **Hard-Seller** dagegen wagt sich an das Maximum der Möglichkeiten, setzt sich ambitionierte Ziele und hat seine Taktik und sein Vorgehen klar strukturiert vor Augen.

Zu welchem Verkäufertyp gehören Sie? Unter www.haeusel.com gibt es einen kostenlosen Persönlichkeitstest, der Ihnen dabei hilft, Ihre Verkäuferpersönlichkeit besser einzuschätzen.

12.3 Stellen Sie sich auf Ihren Verhandlungspartner ein

Nachdem wir uns kurz mit unserer eigenen Persönlichkeitsstruktur und ihren Stärken und Schwächen beim Verkaufsabschluss beschäftigt haben, müssen wir mit dem gleichen Blick unsere Verhandlungspartner betrachten. Denn diese werden ebenfalls in ihrer Verhandlungsführung und ihren Zielen stark von ihrer emotionalen Persönlichkeitsstruktur beeinflusst. Schauen wir uns die einzelnen Kundentypen im Detail an.

Der Performer

Er ist der härteste Verhandlungspartner für Sie: Denn sein Unbewusstes ist ganz auf Sieg gepolt. Er will gewinnen, also den besten Preis erzielen, und scheut auch das Risiko nicht, in die Vollen zu gehen. Er setzt Sie ohne Mitleid unter Druck und würde möglicherweise auch unfaire Mittel und Drohungen einsetzen. Er verhandelt klar und zielorientiert.

Der Bewahrer

Verhandlungen mit dem Bewahrer sind sehr zeitaufwendig und anstrengend, weil er jede Angebots- und Verhandlungsposition bis ins kleinste Detail besprechen will. Er besteht auch darauf, dass alles dokumentiert wird. Weil Preise Zahlen sind und Zahlen die Welt vereinfachen und sie kontrollierbar erscheinen lassen, orientiert er sich sehr stark am Preis.

Der Harmonie-Sucher

Dieser Kundentyp ist der angenehmste Verhandlungspartner: Sein Motto lautet: »Leben und leben lassen!« Er scheut jede Brutalität im Verhandlungsgespräch und achtet darauf, dass das Verhandlungsklima intakt bleibt. Details interessieren ihn weniger, die sind ihm zu anstrengend. Das Problem: Je höher wir in der Hierarchie eines Unternehmens aufsteigen, desto seltener treffen wir diesen Kundentypus. Denn sein Wunsch, Karriere zu machen, ist unterdurchschnittlich ausgeprägt.

Der Kreative

Auch er ist ein angenehmer Verhandlungspartner. Er will zwar ein gutes Ergebnis, aber Verhandlungen haben für ihn immer auch einen spielerischen Charakter. Er scheut das Risiko nicht, hoch zu pokern. Im Gegenteil: Dieses Prickeln macht ihm Spaß. In der Sache ist er hart – in der Verhandlung selbst vergisst er aber das Lachen nicht.

Denken Sie an die Funktionsziele

In Kapitel 3 haben wir gesehen, dass neben der Persönlichkeit auch die Funktion unseres Verhandlungspartners einen maßgeblichen Einfluss auf seine Interessen und Verhandlungsziele hat.

- Der **Geschäftsführer** oder **Inhaber** ist daran interessiert, dass Ihr Angebot das Unternehmen weiterbringt. Gleichzeitig ist er auch für die Wirtschaftlichkeit des Unternehmens verantwortlich. Er betrachtet Ihr Angebot zunächst von der Leistungsseite her – dann kommt der Preis. Und in beidem hätte er gerne das Beste.
- Der **Einkäufer** hat nur eines im Kopf: Einen günstigen Preis! Alles andere ist ihm egal – das ist Sache der Fachabteilungen. Der Preis allein reicht ihm aber nicht aus. Seine Existenzberechtigung im Unternehmen zieht er daraus, dass er durch harte Verhandlungen Nachlässe und Rabatte aushandelt. Es empfiehlt sich deshalb in jedes Angebot von vornherein ein »Einkäufer-Bonbon« mit einzuplanen. Dieses »Einkäufer-Bonbon« verschafft aber nicht nur dem Einkäufer, sondern auch anderen Verhandlungspartnern einen kleinen Sieg.
- Die **Fachabteilungen** betrachten Ihr Angebot aus Sicht der Leistung. Sie fragen also, was es ihnen konkret bringt. Der Preis spielt für sie eine untergeordnete Rolle – wenn dieser einigermaßen stimmt, sind die Fachabteilungen auf Ihrer Seite.

Zielen Sie immer auf das Alphatier

Tief in unserem Unbewussten gibt es einen Mechanismus, der uns autoritätshörig macht: Wir richten unser Verhalten und unsere Entscheidungen unbewusst am Vorbild von Personen aus, die für uns eine Autorität darstellen. Im Unternehmen ist das der Chef bzw. der direkte Vorgesetzte. Dieser Mechanismus ist tief in uns verwurzelt. Berühmt wurden dazu die Versuche des Psychologen Stanley Milgram in den 1960er-Jahren. Er zog seinen Versuchsleitern weiße Kittel an, damit sie wie Wissenschaftler aussahen. Diese gaben dann frei ausgewählten Versuchspersonen den Befehl, anderen Versuchspersonen (Schauspieler) Stromstöße zu versetzen. Viele Versuchspersonen gehorchten willenlos und gaben ihren vermeintlichen Opfern Stromstöße, die teilweise lebensgefährlich schienen. Die Stromstöße und Opfer waren natürlich Theater, aber das wussten die Versuchspersonen nicht. Milgram dachte zunächst, dass diese

Autoritätshörigkeit vor allem eine deutsche Eigenschaft sei. Seine Versuche in vielen unterschiedlichen Kulturen dieser Welt zeigten ihm aber, dass dieses Programm im Unbewussten aller Menschen verankert ist.

Gerade wenn Sie in einer Verkaufsverhandlung mehreren Beteiligten auf Kundenseite gegenübersitzen, ist es wichtig, möglichst schnell zu erkennen, wer das Alphatier ist. Ohne ihn läuft nichts! Immer dann nämlich, wenn es in der Verhandlung schwierig wird, schaut die ganze Gruppe auf sein Verhalten. Wenn er zustimmend nickt, haben Sie den Abschluss so gut wie in der Tasche.

! **Tipp**

Achten Sie besonders darauf, dass Ihr Angebot dem Alphatier schmeckt.

Machen Sie aber nicht den Fehler, sich nur auf das Alphatier zu konzentrieren! Achten Sie darauf, dass auch die anderen Gruppenteilnehmer ihre Aufmerksamkeit, ihre Wertschätzung und die zu ihrer Funktion und Rolle passenden Argumente bekommen! Gruppenmitglieder, die nicht beachtet werden, können nämlich leicht zu Stinkstiefeln werden, die das Verhandlungsklima verderben und Ihr Angebot madigmachen.

! **Tipp**

Vergessen Sie die anderen Gruppenmitglieder auf der Kundenseite nicht. Achten Sie darauf, dass auch sie ihre Aufmerksamkeit, ihre Wertschätzung und die zu ihrer Funktion und Rolle passenden Argumente bekommen!

Wie man ein Alphatier erkennt

Gute Verkäufer wissen schon vor der eigentlichen Verhandlung, wer an ihr teilnimmt. Ihnen ist die Funktion, die Persönlichkeit, die Hierarchie der Teilnehmer bekannt. Sie wissen, wer die finale Entscheidung trifft und sie wissen auch, wen man unbedingt ins Boot holen muss, damit der Abschluss gelingt. Selbstverständlich haben sie sich auch die Namen der Teilnehmer aufgeschrieben sowie einige Persönlichkeitsmerkmale, die schnell eine Kundentypisierung möglich macht.

! **Tipp**

Analysieren Sie **vor** der Verhandlung die Machtstruktur der Verhandlungsgruppe und die jeweilige Persönlichkeitsstruktur Ihrer Verhandlungspartner.

Wenn der Teilnehmerkreis teilweise oder weitgehend unbekannt ist, können Sie sich nicht gut vorbereiten. Jetzt geht es darum, die Machtsignale des Alphatieres in der Verhandlung zu dechiffrieren: seinen Auftritt, sein Verhalten und seine Körpersprache. Diese Signale sind für Alphatiere typisch:

- Betritt ein Alphatier den Raum, machen die anderen etwas Platz – Alphatiere achten auf eine größere interpersonelle Distanz.
- Alphatiere sind weit überdurchschnittlich Performer mit der zugehörigen Körpersprache.
- Alphatiere setzen sich gerne auf den besten Platz im Raum (der wird von den anderen auch freigehalten).
- Alphatiere setzen sich nicht auf Randplätze, sondern möglichst in die Mitte des Geschehens.
- Alphatiere kommen häufig etwas zu spät (Machtdemonstration).
- Alphatiere geben das Startzeichen. Es wird erst dann gestartet, wenn das Alphatier das Zeichen gegeben hat.

Tipp !

Dechiffrieren Sie die verborgenen Machtsignale in der Verhandlungsgruppe.

Setzen Sie einen höheren Preisorientierungspunkt

Im vorangegangenen Kapitel haben wir am Beispiel des Weinverkaufs gesehen, wie sich die Preiswahrnehmung im Gehirn beeinflussen lässt. Der erstgenannte Preis ist der Referenz- und Orientierungspunkt, an den sich das Gehirn klammert. Wenn Sie selber die Preishoheit haben und der Preis nicht vorgeben ist, sollten Sie in einer Preisverhandlung immer mit einem hohen Preis starten. Dieser Preis sollte vor allem durch Zusatzleistungen und Zusatzservices nach oben getrieben werden, die nicht unbedingt gebraucht werden, aber trotzdem nützlich sind. Zunächst ist es egal, wie sich der Preis zusammensetzt, wichtig ist, dass der Preispunkt hoch ist. Mit diesem Referenzpreis gehen wir in die Verhandlung.

Tipp !

Etablieren Sie zu Beginn der Verhandlung das Preisbezugssystem.

Vermeiden Sie faule Kompromisse

Oft genug findet man auch auf der Kundenseite Verhandlungsprofis, die einige dieser unbewussten Spielregeln kennen. Diese setzen bewusst einen extrem tiefen Kontrapunkt zu Ihrem Preisanker. Damit ist der gesamte preisliche Verhandlungsraum zunächst einmal etabliert. Nun beginnt die eigentliche und harte Preisverhandlung. Viele Verkäufer machen den Denkfehler, dass sie die Lösung in einem Kompromiss sehen. Und dieser Kompromiss liegt scheinbar in der Mitte. Ein solcher Kompromiss hat den Vorteil, dass er schnell gefunden ist. Er hat aber einen gewaltigen Nachteil: Der Kompromiss kann sehr, sehr teuer werden, wenn man seinen oberen Preisanker nicht schon vorher durch einen ebenso hohen Einstiegspreis darauf ausrichtet. Insbesondere Verkäufer, die zum Persönlichkeitstyp Kunden-Versteher oder Korrekter neigen, haben Angst vor diesem Spiel und gehen schon mit einem viel zu tiefen Einstiegspreis in die Verhandlung. Setzen dann Profis aufseiten des Kunden einen fast unverschämten tiefen Preispunkt und schlagen dann freundlich und zuvorkommend vor, man möge sich doch fair in der Mitte treffen, dann ist die Katastrophe perfekt. Deshalb gilt: Kompromisse, die sich in der Mitte treffen, sind nur erlaubt, wenn der obere Preispunkt strategisch darauf ausgerichtet worden ist.

! **Tipp**

Lassen Sie sich in der Preisverhandlung nicht auf einen faulen Kompromiss ein.

Reduzieren Sie die Leistung, nicht den Preis

Selbstverständlich kommt es vor, dass Ihre Preisvorstellung die finanziellen Möglichkeiten und Budgets Ihres Kunden bei weitem übersteigt. Oft gibt es hier Finanzierungs- und Abrechnungsmodelle, die eine gute Lösung für solche finanziellen Rahmenvorgaben darstellen. Der Schweizer Rolltreppen- und Aufzugbauer Schindler bietet zum Beispiel seinen Kunden an, die gesamte Technik nicht kaufen zu müssen, sondern nur für die tatsächlich angefallene Nutzung zu bezahlen. Diese oft sehr intelligenten Möglichkeiten der Angebots- und Preisgestaltung werden in der Betriebswirtschaft unter dem Begriff »Pricing« untersucht und entwickelt.

Wenn wir diese alternativen Möglichkeiten aber nicht haben und tatsächlich über den Preis sprechen müssen, gibt es auch hier eine wichtige Regel: Grundsätzlich reduzieren wir die Leistung und halten die Grundpreise konstant. Bei der Festlegung unseres oberen Preispunkts haben wir, wie beschrieben, eine Reihe von Zusatzleistungen mit angeboten und in den oberen Preispunkt einkalkuliert. Wenn wir dem Kunden im Preis entgegenkommen, machen wir dies dadurch, dass wir auf weniger wichtige Zusatzleistungen verzichten. Denken Sie dabei immer daran: Wenn die Preisreduzierung nicht mit einer Leistungsreduzierung verknüpft ist, ist dieser Preis in Zukunft Ihr Einstiegspreis, den Sie in folgenden Preisverhandlungen nur schwer wieder steigern können.

! **Tipp**

Reduzieren Sie die »Preis-Leistung« und nicht den Preis.

Die Regel, nicht am Grundpreis zu drehen, hat noch einen weiteren Aspekt: Ihre Glaubwürdigkeit und das Vertrauen in Sie und das Unternehmen wird nicht beschädigt. Ihr Angebot bleibt wertvoll. Ganz ungeschoren werden Sie manchmal nicht davonkommen. Ein kleines preisliches Entgegenkommen müssen Sie abliefern: den Einkäuferbonus. Denken Sie aber daran: Niemals in Prozent, sondern immer in absoluten Zahlen.

Achtung Schurkenspiel

Wenn Sie es auf Kundenseite mit Verhandlungsprofis zu tun haben, kann es passieren, dass Ihnen ein perfides Rollenspiel vorgeführt wird. Es kommt aus der Polizeipsychologie und wird häufig bei Verhören eingesetzt. Einer Ihrer Verhandlungspartner spielt den »Guten«, der so tut, als sei er auf Ihrer Seite. Der andere dagegen spielt den »Bösen«, der ziemlich rüde mit Ihnen umgeht, Ihr Angebot madigmacht und versucht, Sie so zu verunsichern, dass Sie gerne die vom »Guten« ausgestreckte Hand zum Kompromiss ergreifen. Leider ist diese gute Hand keine Glückshand für Sie. Der angebotene Kompromiss ist meist faul: zu Ihren Lasten!

Tipp !

Fallen Sie nicht auf »Good guy – bad guy«-Spiele Ihres Verhandlungsgegners herein.

Im Falle eines Falles: LIMO

Das »Good guy – bad guy«-Spiel findet in abgeschwächter Form auch in gewöhnlichen Verkaufsverhandlungen statt. Es gibt sehr häufig einen Stinkstiefel, der Sie polemisch anschießt und gnadenlos versucht, Sie mit Kritik zu schwächen. Ein Beispiel: »Ihr Angebot, Herr Maier, ist sowohl hinsichtlich des Preises als auch der Leistung das Schlechteste, dass uns je präsentiert wurde!« Jetzt wird Ihnen heiß und Sie fühlen (vor allem, wenn Sie der Typ Kunden-Versteher sind), wie es Ihnen zusätzlich kalt den Rücken hinunterläuft. Wie reagieren Sie?

Normalerweise schaltet unser Unbewusstes bei einem solchen Angriff in ein automatisches Reaktionsprogramm. Abhängig davon, wie stark man sich selbst oder den Gegner einschätzt, gibt es vier automatische Verhaltensweisen, die jetzt aktiviert werden. Alle haben eine Gemeinsamkeit: Sie sind falsch.

Reaktion 1: Zurückschlagen

Wenn wir uns selbst stark und den Gegner schwach einschätzen, schlagen wir Auge um Auge zurück. Sie könnten dann so antworten: »Ich bin schon seit 30 Jahren in der Branche und mir macht niemand was vor: Ein besseres Angebot gibt es nicht.«

Was jetzt passiert, ist klar: Wenn wir es auf Kundenseite mit einem Performer zu tun haben, ist richtig Zoff angesagt. Er wird Ihnen beweisen, warum er besser ist als Sie und die Aggressionsspirale dreht sich immer schneller. Dass das gesamte Verhandlungsklima vergiftet ist, braucht nicht eigens erwähnt zu werden.

Reaktion 2: Ignorieren

Ebenfalls aus einer Position der Stärke kommt die Reaktion des Ignorierens: Sie gehen mit keinem Wort auf den Angriff ein und machen so weiter, als sei nichts geschehen.

Damit beweisen Sie zwar Selbstbewusstsein, reizen aber Ihren Angreifer zu einem neuen und gewiss härteren Angriff.

Reaktion 3: Kuschen

Wenn wir uns selbst weniger stark fühlen, den Gegner dagegen als mächtig wahrnehmen, stellt sich unser Gehirn nicht auf Kampf, sondern auf Unterwerfung ein. Das klingt dann so: »Sie haben recht. Unser Wettbewerb ist in manchen Punkten besser und im Durchschnitt auch preiswerter.« Auch nach dieser Antwort ist die weitere Reaktion abzusehen: Diese Schwäche wird Ihr Gegner schamlos ausnutzen und Ihnen genussvoll an die Kehle gehen, die Sie ihm auf diese Weise so freizügig angeboten haben.

Reaktion 4: Flüchten

Wenn Sie sich selbst schwach fühlen und nicht hinter Ihrem Angebot stehen, gibt es noch eine vierte Möglichkeit: Die Flucht. Sie packen frustriert Ihre Präsentation zusammen: »Ich sehe schon, wir kommen nicht zusammen ...« und gehen nach einer kurzen Verabschiedung aus dem Raum. Hier erübrigt sich jeder weitere Kommentar.

Aber wie reagiert man in einer solchen Situation richtig? Der frühere Münchner Polizeipsychologe Georg M. Sieber, für den ich einige Jahre gearbeitet habe, fand hier eine verblüffende und höchst wirksame Lösung. Entstanden ist sie aus Praxisbeobachtungen in der Polizeiarbeit. Er stellte fest, dass viele Polizeibeamte nach Nachtstreifen meist Männer aufs Revier brachten, deren Personalien sie wegen Beamtenbeleidigung aufnehmen wollten. Beamtenbeleidigungen stellen für den Justiz- und Polizeiapparat ein großes Problem dar: Sie verursachen einen immensen Aufwand aufgrund der Verwaltungsarbeit und den oft notwendigen Gerichtsverhandlungen. Die entsprechenden Polizisten werden so tagelang mit nutzloser Arbeit blockiert. Sieber wurde beauftragt, dafür eine Lösung zu finden. Er schaute sich deshalb sowohl die Polizisten an, die eine extrem hohen Beleidigungsquote meldeten, wie auch solche, die scheinbar niemals Ärger hatten. Er stellte dramatische Unterschiede in dem Reaktionsverhalten dieser beiden Polizistengruppen fest. Während Beamte mit hoher Beleidigungsquote zum Beispiel auf die Beleidigung »Jetzt kommen die scheiß Bullen!« mit Gegenaggression und vorläufiger Festnahme reagierten, verhielten sich die Beamten mit niedriger Quote völlig anders. Sie verblüfften die Angreifer mit geistigem Judo, also mit einer Reaktion, die diese so nicht erwartet hatten. Auf die Anfeindung »Jetzt kommen die scheiß Bullen!« reagierten sie zum Beispiel mit einem lockeren »Gut gebrüllt, Löwe, aber wer kommt zu dir, wenn bei dir mal eingebrochen wird?« Die Polizisten wendeten automatisch eine Gesprächsformel an, die die Aggression aus dem Gespräch nahm und den Polizisten einen guten und respektablen Abgang verschafften. Dieses »Deeskalations-Judo« wurde in der Praxis weiter ausgearbeitet und wird so oder in leicht abgewandelter Form heute in jeder Polizeiausbildung unterrichtet. Schauen wir uns genauer an, wie es funktioniert.

Die LIMO-Methode für harte Verhandlungssituationen

Schritt 1: L = Loben
Der Angreifer rechnet mit allem, aber nicht damit, dass er für seinen Angriff gelobt wird. Dabei ist es allerdings wichtig, dass wir ihm niemals Recht geben. Wir sagen nicht: »Sie haben Recht, aber ...« Wie aber kann ein solches Lob in unserem Fall aussehen? Schließlich werden Sie beschimpft, der Wettbewerb sei viel besser und günstiger als Sie. Die Lösung liegt darin, dass wir ihn für sein Verhalten loben:

Verkäufer: »Vielen Dank, dass Sie mit Ihrer Meinung nicht hinter dem Berg halten. Ich schätze ein offenes Wort unter Männern, da weiß man doch gleich, woran man ist.«

Damit verblüffen Sie Ihren Verhandlungsgegner nicht nur, sie zerstören auch das Verhandlungsklima nicht!

Schritt 2: I = Interesse zeigen
Im nächsten Schritt geht es darum, den Angreifer ernst zu nehmen. Wir weisen darauf hin, dass der geäußerte Aspekt ein wichtiges Thema anspricht:

Verkäufer: »Ich gebe zu, dass es oft sehr schwierig ist, zwischen Wettbewerbsangeboten objektiv auszuwählen: Die Wettbewerbslandschaft ist heute sehr vielfältig und die beworbenen Leistungsaspekte lassen sich oft schwer oder gar nicht vergleichen.«

Schritt 3: M = Mängel ansprechen
Im dritten Schritt bekommt unser Angreifer zusätzlich sogar noch einen kleinen Sieg geschenkt. Dies machen wir dadurch, dass wir einen kleinen, allgemeinen Mangel (von anderen) als Raubtierfutter auf den Tisch legen: »Es gibt in der Tat einige Wettbewerber, die sind Meister in der Angebotsverschleierung.«

Schritt 4: O = Offen rückfragen
Neben dem ersten Schritt (Schritt zwei und drei sind die Kür für Verkaufsprofis) ist der letzte Schritt der Entscheidende. Wir zwingen jetzt den Angreifer, durch offene Fragen sein Polemik-Visier hochzuklappen und seinen Angriff zu begründen:

Verkäufer: »Sie sprachen eben von fehlender Leistung und einem zu hohen Preis: Können wir uns zusammen einmal die Punkte anschauen, die Ihnen besonders am Herzen liegen? Wo ist Ihnen denn unser scheinbar mangelhaftes Preisleistungsverhältnis besonders aufgefallen?«

Jetzt kann Ihr Angreifer nicht mehr mit der Polemik-Keule um sich schlagen, sondern muss konkret und sachlich argumentieren.

! **Tipp**

Nutzen Sie die LIMO-Methode bei harter Kritik und Aggressionen.

Noch ein kleiner Hinweis aus über 35 Jahren Trainingserfahrung: Ebenso wie Sie einen Judogriff üben müssen, bis er sitzt und automatisch abläuft, ist es auch bei der LIMO-Methode. Insbesondere wenn die Trainingsteilnehmer der gleichen Firma angehören, ist LIMO ein lustiges Spiel. In unerwarteten Situationen schießen wir unseren Kollegen (dem die LIMO-Methode bekannt ist) mit einer kleinen Bosheit oder Aggression an und lassen ihn reagieren. Wenn die Reaktion falsch ist, reicht ein kurzes »LIMO«, um ein Lachen auf das Gesicht Ihres Kollegen zu zaubern.

Offene Fragen bei Kritik

Vielleicht fragen Sie sich jetzt, ob man nicht unmittelbar und direkt mit einer offenen Frage auf eine Aggression antworten soll. Nein, wir brauchen zunächst zumindest das »L« wie Lob, besser aber auch das »I« und »M«, um die Aggression aus der Situation zu nehmen. Wenn uns der Verhandlungspartner allerdings sachlich und ohne Aggression kritisiert, ist eine offene Frage häufig ausreichend. Wenn Sie bei Kritik zudem nicht gleich mit einer Behauptung oder einem Gegenargument antworten, haben Sie mit einer offenen Frage, bei der Ihr Kritiker jetzt »arbeiten« und argumentieren muss, einen weiteren Vorteil. Sie gewinnen Denkzeit und können sich eine gute professionelle Antwort überlegen.

! **Tipp**

Wenn Sie von Ihrem Verhandlungspartner kritisiert werden, sollten Sie offene Fragen einsetzen, um Zeit zu gewinnen.

12.4 Wenn Verhandlungen ins Stocken geraten

Bei Verkaufsverhandlungen insbesondere im B2B-Bereich kann es immer wieder passieren, dass die Gegensätze zwischen Ihnen und Ihrem Kunden in einer Verhandlungsphase zu groß scheinen und die Verhandlung insgesamt zu scheitern droht. In der mentalen Vorbereitung der Verhandlung haben Sie diese Möglichkeit aber schon durchgespielt und können eine alternative Lösung wählen. Aber gerade bei harten Verhandlungen ist es oft so, dass sich unser Denken in der Hitze des Gefechts verengt und wir gar nicht mehr in der Lage sind, »um die Ecke zu denken« und vielleicht unkonventionelle Alternativen vorschlagen. Was können wir tun? Eine sehr elegante Lösung stammt vom Business-Speaker Herman Scherer. Anstatt selber mit einem vielleicht unvorteilhaften Vorschlag zu versuchen, die festgefahrene Situation zu lösen, empfiehlt Scherer, dem Kunden die heiße Kartoffel mit der Frage »Was schlagen Sie vor?« oder «Was wäre Ihr Vorschlag?« in die Hand zu drücken.

Tipp !

Bevor Sie selber einen für Sie möglicherweise ungünstigen Kompromissvorschlag machen, fragen Sie den Kunden einfach: »Was schlagen Sie vor?«

Eine andere Möglichkeit ist es, unser Gehirn in solch schwierigen Situationen zu dopen und uns aus der Zwangslage zu befreien. Deshalb schlagen wir eine kurze Pause vor, essen eine kleine Süßigkeit (direkt verwertbare Energie für das Gehirn), gehen kurz an die frische Luft (Sauerstoff hilft beim Querdenken), machen einige kurze Gymnastikübungen (Durchblutung des Gehirns wird gesteigert) und trinken ein großes Glas Wasser (zu wenig Wasser senkt die Konzentrationsfähigkeit).

Tipp !

Bei festgefahrenen Verhandlungen hilft »Hirn-Doping«. Schlagen Sie eine kurze Pause vor und gehen Sie an die frische Luft.

Bevor wir aus dem Raum gehen, machen wir aber noch etwas. Wir binden unseren Kunden auch hier durch konstruktives Fragen in die Lösungsfindung mit ein und sorgen so dafür, dass die Beziehungsebene und das Verhandlungsklima intakt bleiben: »Lassen Sie uns eine kurze Pause machen und die Zeit dafür nutzen, dass sich jeder überlegt, wie wir die Kuh vom Eis kriegen.«

Tipp !

Binden Sie bei festgefahrenen Verhandlungen Ihren Kunden in die Lösungsfindung ein.

Sammeln Sie zustimmende Ja-Äußerungen Ihres Kunden

Sie haben es geschafft. Die wesentlichen Punkte scheinen besprochen. Und so langsam ist der Verkaufsabschluss in Sichtweite. Jetzt gilt es, keinen Fehler mehr zu machen, sondern alle Chancen, die auf der Zielgeraden noch warten, zu nutzen. Und oft sind es nur Kleinigkeiten, die eine besondere Wirkung entfalten. Wussten Sie schon, dass so kleine Wörtchen wie »Ja« oder »Nein« völlig unterschiedliche Reaktionen im Gehirn auslösen können? Immer wenn wir »Ja« sagen, wird nämlich unser Belohnungssystem leicht aktiviert. Das hat bei Verhandlungen mehrere Konsequenzen: Das Belohnungssystem ist zum einen optimistisch und zum anderen auch handlungsorientiert. Wenn es uns also gelingt, den Kunden zum Verhandlungsende hin häufig zu einem »Ja« zu bewegen, verändert sich seine Stimmung positiv, er ist weniger kritisch und handlungsbereiter (also kaufwilliger). Hier sind übrigens Suggestivfragen erlaubt. Ein Beispiel:

Verkäufer: »Ich habe gesehen, dass Ihnen der Alcantara-Bezug in Grau besonders gut gefällt?«

Kunde: »Ja – der trifft genau meinen Geschmack.«

Verkäufer: »Prima – darf ich diese Alcantara-Ausstattung in unser Angebot mit aufnehmen?«

Kunde: »Ja – das dürfen Sie gerne.«

Verkäufer: »Auch die zusätzlichen Winterreifen sind im Aktionspreis enthalten – sollen wir die gleich montieren?«

Kunde: »Ja – das wäre super.«

! **Tipp**

Verstärken Sie durch viele zustimmende Ja-Äußerungen des Kunden seine Stimmung und damit die Abschlussbereitschaft Ihres Kunden.

Das genaue Gegenteil passiert übrigens beim »Nein«. Das »Nein« ist in unserem Gehirn eng an das Bestrafungs- und Vermeidungssystem gekoppelt. Wenn der Kunde also öfter »Nein« sagen kann, verschlechtert sich seine Stimmung. Gleichzeitig sorgt das Vermeidungssystem im Gehirn auch dafür, dass er sich vom Kauf zu distanzieren beginnt.

! **Tipp**

Vermeiden Sie in der Kaufabschlussphase unbedingt, dass der Kunde »Nein« sagt, weil er sich so mental vom Kauf zu distanzieren beginnt.

Nutzen Sie das Commitment-Prinzip

Im Kundengehirn gibt es einen weiteren Mechanismus, der eng mit dem Jasagen gekoppelt ist und beim Verhandlungsabschluss vorteilhaft genutzt werden kann: Das Commitment- oder Konsistenzprinzip. Dieser Mechanismus wurde wie einige andere Mechanismen, denen wir in diesem Buch begegnet sind (Autoritätsprinzip, Knappheitsprinzip usw.) vom amerikanischen Sozialpsychologen Robert Cialdini beschrieben. Der Grundgedanke ist einfach: Menschen versuchen, sich in ihrem Verhalten unbewusst selber treu zu bleiben. Ein kleines Beispiel von Cialdini zeigt, wie dieser wichtige Mechanismus funktioniert. Angenommen, Sie wären Bettler und würden gerne von einer wildfremden Person auf der Straße einen Dollar erbetteln wollen. Wie stellen Sie das geschickt an?

So bekommen Sie nie einen Dollar:

Wenn Sie eine Person direkt ansprechen mit den Worten »Ich habe Hunger. Würden Sie mir einen Dollar geben?«, dann ist die Wahrscheinlichkeit nicht sehr hoch, dass Sie diesen Dollar bekommen.

So steigt Ihre Erfolgswahrscheinlichkeit deutlich an:

Sie können Ihre Erfolgswahrscheinlichkeit erheblich steigern, indem Sie die Person **vor** der »Dollar-Schicksalsfrage« zu einem zustimmenden Verhalten bringen. Der clevere Bettler, der Cialdinis Buch gelesen hat, macht es so: »Entschuldigung, können Sie mir sagen, wie viel Uhr es ist?« Nur wenige Menschen, werden ihm diese Bitte abschlagen. Und erst jetzt kommt die »Dollar-Schicksalsfrage«: »Vielen Dank! Ach ja, ich habe Hunger. Könnten Sie mir einen Dollar geben?«

Allein dadurch, dass die angebettelte Person nur ein einziges Mal zustimmend gehandelt hat, ist sie bereits in die Konsistenz-Falle getappt. Die Wahrscheinlichkeit, dass sie auch der zweiten Bitte zustimmt, steigt erheblich an. Wenn es Ihnen also gelingt, Ihren Kunden mehrmals hintereinander zu einer kleinen Zustimmung zu bringen, ist die Wahrscheinlichkeit viel größer, dass er dem Kauf insgesamt zustimmt. Ein weiteres Beispiel:

Verkäufer: »Wir haben vorher besprochen, dass die Implementierung der Software im Mai für Sie der ideale Zeitpunkt wäre.«

Kunde: »Ja – das wäre gut«.

Verkäufer: »Nach der Implementierung ist es Ihnen wichtig, dass Ihre Mitarbeiter umfassend durch unsere Spezialisten geschult werden.«

Kunde: »Ja – das ist uns sehr wichtig.«

Verkäufer: »Wir haben auch besprochen, dass während der ersten drei Monate zwei Berater von uns vor Ort bei Ihnen im Unternehmen sein sollten, um anfallende Fragen sofort zu klären.«

Kunde: »Ja – das wäre ideal.«

Verkäufer: »Ich denke, wir sind uns in allen Punkten einig. Darf ich Ihnen den Vertrag zum Unterschreiben geben?«

Kunde: »Ja.«

Gerade gegen Abschluss der Kaufverhandlung ist es gut, die wesentlichen Punkte und Vereinbarungen so zusammenzufassen, dass der Kunde zustimmend nicken kann. Ohne diese Nickproben ist die Gefahr viel größer, dass der Kunde in letzter Minute die Reißleine zieht und den Kauf abbricht.

! **Tipp**

Fassen Sie am Ende der Verhandlung die Vereinbarungen so zusammen, dass der Kunde mehrmals bei wichtigen Verhandlungspunkten zustimmt.

Machen Sie zum Schluss das Angebot knapp

Im Kern ist der Mensch ein Raubtier geblieben. Im Kampf ums Überleben in der harten Natur war es seit jeher besonders wichtig, der Fresskonkurrenz zuvorzukommen, bei Jagdchancen nicht lange nachzudenken und sofort zuzuschlagen. Es verwundert deshalb nicht, dass im Laufe der Evolution in unserem Gehirn ein Jagd- und Beute-Modul entstanden ist, dass sofort aktiv wird, wenn das Objekt der Begierde droht, an die Konkurrenz verloren zu gehen. Mit welcher Wucht sich dieses Modul mitunter bemerkbar macht, konnte man vor ein paar Jahren bei der Eröffnung des Media Markts in Berlin beobachten. Schon lange vor der Eröffnung kampierten die Kunden vor dem Einlass, um die Ersten zu sein, die sich auf die besonders attraktiven Sonderangebote stürzen konnten. Als die Tore dann geöffnet wurden, kam es zur Beinahe-Katastrophe. Vor lauter Gier stürzte sich die Menge in den Verkaufsraum, Menschen stolperten, wurden überrannt. Und als die Sonderangebote ausgingen, kam es zu wüsten Schlägereien um die letzten Stücke. Das Ergebnis der Eröffnung: über 15 Verletzte!

Der gerade schon erwähnte Psychologe Cialdini hat diesen Raubtierinstinkt etwas vornehmer als Knappheitsprinzip beschrieben. Wenn es Ihnen also am Ende der Verhandlung gelingt, Ihr Angebot glaubwürdig zu verknappen, steigen Ihre Abschlusschancen. Wenden Sie dieses Prinzip aber sehr vorsichtig an und lassen Sie die entsprechenden Aussagen nebenbei fallen. Dann ist die Wirkung größer. Beispielhafte Aussagen sind:

- »Dieses Produkt verkaufen wir mit großem Erfolg. Das führt leider dazu, dass wir nur noch zwei Stück auf Lager haben.«
- »Das ist unser letztes Auto aus dieser Sonderedition. Es haben sich für heute noch eine ganze Reihe von Kunden zum Verkaufsgespräch dafür angemeldet.«
- »Für dieses Produkt haben wir viel mehr Interessenten, als wir liefern können.«
- »Unser Messe-Sonderpreis gilt nur noch heute.«

! **Tipp**

Aktivieren Sie durch Nutzung des Knappheitsprinzips das Jagd- und Beute-Modul im Gehirn Ihres Kunden. Nutzen Sie seinen Raubtierinstinkt!

Keinen Abschlussdruck aufbauen

Es ist nun an der Zeit, den Sack zuzumachen und zum Abschluss zu kommen. Durch das Commitment- und Konsistenzprinzip haben wir den Kunden in die Zielgerade geführt, durch die Aktivierung des Jagd- und Beute-Moduls haben wir den Kaufwunsch beschleunigt. Jetzt gilt es, das Ganze durch eine Unterschrift oder eine Kaufzustimmung abzuschließen. Auch auf diesem letzten Meter zum Ziel lauern noch kleine Hürden, die es gilt, aus dem Weg zu schaffen.

In einigen Verkaufsbüchern findet man Ratschläge, die empfehlen, den Kunden bis zur Unterschrift immer mehr in die Enge zu treiben. Dieses falsch verstandene Hard Selling hat leider oft katastrophale Folgen. Ebenso wie ein Tier, das in die Enge getrieben wurde, mit aller Kraft zu flüchten versucht, reagieren auch Ihre Kunden: Sie brechen das Ganze verärgert ab. In der Psychologie werden diese Reaktionen als Reaktanzverhalten beschrieben. In dem Moment, wo Menschen das Gefühl haben, bevormundet zu werden und etwas gegen ihren Willen tun zu müssen, reagieren sie – das Dominanzsystem lässt grüßen – mit Gegenaggression. Im letzten Moment wird so die ganze Vorarbeit zunichtegemacht!

Tipp !

Bauen Sie keinen Abschlussdruck auf: Vermeiden Sie Reaktanz-Reaktionen bei Ihrem Kunden und lassen Sie ihm das Gefühl der Freiheit.

Lassen Sie Ihrem Kunden immer die (eingeschränkte) Wahl

Zuviel Freiheit (durch zu viele Angebotsalternativen) schafft allerdings auch ein Problem: Kunden werden verunsichert. Auch hierfür gibt es einen Fachbegriff: »Customer Confusion«. Wenn Kunden zu viele Wahlmöglichkeiten haben, scheuen sie sich vor einer Entscheidung: Sie könnten ja die falsche treffen. Wenn es dagegen nur eine Entscheidungsmöglichkeit gibt, haben sie das Gefühl, unter Zwang und Druck zu stehen und vielleicht eine möglicherweise bessere Alternative zu verpassen. Was ist nun richtig? Hier heißt die magische Zahl Drei! Mehr als drei Alternativen verwirren, weniger als drei lösen das Gefühl des Kaufzwangs aus! Gutes Verkaufen und richtig verstandenes Hard Selling bedeutet aber nicht, den Kunden vor diesen drei Alternativen hilflos stehen zu lassen, sondern eine klare und kompetente Empfehlung zu geben. Die besondere Kompetenz des Verkäufers besteht darin, aus einem unübersichtlichen Angebot die richtige und individuelle Lösung für den Kunden zu finden. Ein Beispiel soll das verdeutlichen:

Verkäufer: »Alle diese drei Espresso-Vollautomaten erfüllen Ihre Bedürfnisse. Diese Maschine um 1.550 Euro hat noch einige zusätzliche Funktionen, bei der hier um 980 Euro müssen Sie beim Milchaufschäumen einige Sekunden warten. Ich empfehle Ihnen die Maschine für 1.175 Euro. Die hat wirklich alles, was Sie brauchen, und macht einen fantastischen Espresso.«

Gute und zielorientierte Verkäufer sprechen also eine klare und eindeutige Empfehlung aus. Sie wissen natürlich auch, dass sie eine Alternative dem Kunden niemals anbieten werden: nämlich diejenige, nicht zu kaufen!

! **Tipp**

Sprechen Sie eine klare und kompetente Kaufempfehlung aus.

13 In Erinnerung bleiben: So sichern Sie sich einen Logenplatz im Kopf Ihres Kunden

Was Sie in diesem Kapitel erwartet
Das Kundengehirn arbeitet nach dem Kaufabschluss weiter. Es zweifelt, ob der Kauf richtig war. Clevere Verkäufer lassen den Kunden hier nicht allein, sondern halten aktiv Kontakt. Zusätzlich sorgen sie dafür, dass der Weiterempfehlungsturbo zum Laufen kommt.

13.1 Helfen Sie Ihren Kunden aus dem Kaufzweifel heraus

Ihr Kaufabschluss ist in trockenen Tüchern. Sie können sich kurz entspannt zurücklehnen, um sich gleich wieder auf die Jagd nach neuen Kunden und neuen Abschlüssen zu machen. Leider begehen viele Verkäufer den Fehler, das Wort »Verkaufsabschluss« nur allzu wörtlich zu nehmen. Sie glauben nämlich, dass die Unterschrift unter dem Kaufvertrag das glorreiche Ende des Verkaufsprozesses sei. Wer so denkt und handelt, hat den Horizont einer Eintagsfliege und vergibt riesige Chancen.

Gute Verkäufer wissen: Nach dem Verkauf ist vor dem Verkauf.

Das meiste Geschäft wird nicht mit Neukunden gemacht, sondern mit bestehenden Kunden. Das Geschäft mit bestehenden Kunden hat viele Vorteile: Der Aufwand der Neukundengewinnung fällt weg, man kennt sich und vertraut sich und erzielt stabilere Preise. Aber viele dieser bestehenden Kundenbeziehungen gleichen einer Ehe. Am Anfang lodert das Feuer: Der Kunde wird mit Aufmerksamkeit überhäuft und nach ein bis zwei Jahren wird alles zur Gewohnheit. Man ist sich seiner Sache sicher und glaubt, den Kunden nicht verlieren zu können. Bis er Sie dann plötzlich und unerwartet verlassen hat. Erfolgreiches Verkaufen beginnt deshalb nach dem Verkauf und zwar: **sofort** nach dem Verkauf.

Nach dem Kauf beginnt das Zweifeln
Was geschieht nach größeren Anschaffungen im Kopf eines Kunden? Ist er zufrieden oder glücklich? Leider nur teilweise. Denn nach dem Kauf beginnen tiefe Zweifel an ihm zu nagen, ob die Kaufentscheidung richtig war und vor allem ob er die beste Alternative gewählt hat. Unser Gehirn ist ein Belohnungs- und Chancen-Optimierungssystem, und weil Kaufen eine Entscheidung unter Unsicherheit darstellt, weiß unser Gehirn nie, ob es mit der getroffenen Entscheidung das mögliche Optimum erreicht hat. Die Reaktion darauf: Tiefer Zweifel, der mit aller Macht darauf drängt, ausgeräumt zu werden.

Untersuchungen zeigen, dass Käufer eines Automobils, eines teuren TV-Geräts, einer Wohnung usw. nach dem Kauf nochmals ungefähr die Hälfte der Zeit für die Informationssuche aufwenden, die sie vor dem Kauf zur Entscheidungsfindung gebraucht haben. Warum? Sie suchen wie verrückt nach Informationen, die ihre Kaufentscheidung rechtfertigen. Gute Verkäufer lassen den Kunden in dieser kritischen Phase nicht allein. Im Gegenteil, sie nutzen diese natürliche Verunsicherung bei ihren Kunden, um langfristiges Vertrauen und Sympathie aufzubauen. Gerade E-Mail & Co machen es heute ganz einfach, sich zum Freund des Kunden zu machen. Ein kleines Beispiel für so eine Dankes-Mail nach dem Kauf zeigt, wie es geht:

»Liebe Frau Müller, es hat mir viel Freude gemacht, das richtige Auto mit Ihnen zu finden. Ich bin sicher, Sie werden daran ganz viel Spaß haben. Im Anhang habe ich Ihnen den gerade erschienenen Testbericht von *auto motor und sport* angehängt. Ihr neuer Golf hat den Test mit großem Vorsprung gewonnen. Wenn Sie noch Hilfe brauchen oder weitere Fragen haben, rufen Sie mich einfach an, ich bin gerne und immer für Sie da!

Herzliche Grüße Ihr Markus Sommer«

! **Tipp**

Nutzen Sie die Chance: Helfen Sie dem Kunden aus seinem Nach-Kaufzweifel heraus.

13.2 Überraschen Sie Ihren Kunden mit einer kleinen Aufmerksamkeit

Einer der größten und erfolgreichsten Finanzdienstleistungskonzerne beauftragte mich, an der Weiterentwicklung seiner Verkaufs- und Beratungstrainings mitzuarbeiten. Diese Trainings werden jedes Jahr von weit über 1.000 Vertriebsbeauftragten besucht. Mit im Boot waren Finanzexperten, Trainer aus der eigenen Trainingsgesellschaft und einige besonders erfolgreiche Verkäufer. Ganz vorne in dieser Reihe: Eine sympathische und herzliche Frau, der es jedes Jahr gelingt, zur Spitzengruppe der Vertriebler zu gehören. In das Trainingskonzept des Dienstleisters wurden viele der Anregungen, die Sie auch in diesem Buch finden, integriert. Ein letzter Trainingsabschnitt fehlte aber noch: After-Sales- und Beziehungsmanagement. Als wir zu diesem Thema kamen, lachte unsere Spitzenverkäuferin: »Wissen Sie, warum ich so viele Jahre so erfolgreich bin? Weil ich es genau an dieser Stelle anders mache als meine Kollegen. Wenn diese einen Bausparvertrag unterschrieben vorliegen haben, ist für sie der Fisch geputzt – für mich aber nicht. Jetzt beginnt nämlich meine Vertriebstätigkeit erst richtig.« Und wie macht sie das? Zum Beispiel fährt sie ein bis zwei Wochen nach Abschluss bei ihren Kunden vorbei und überreicht ihnen ein Apfelbäumchen oder einen Blumenstock als Geschenk, dankt ihnen nochmals für den Abschluss und bestätigt ihnen, eine gute und sichere Entscheidung getroffen zu haben. Unsere Verkäuferin: »Die Reaktionen der Kunden sind immer überwältigend: »Das ist ja lieb, dass Sie nochmals vorbeikommen. Damit hätten wir nicht gerechnet.« Natürlich kostet eine solche Nachbetreuung etwas Zeit. Aber sie rechnet sich: Bei allen Finanzfragen der Kunden wird zuerst unsere Verkäuferin um Rat gefragt. Zum einen, weil ihre Sympathiewerte bei dem Kunden exponentiell gestiegen sind, und zum anderen, weil kleine herzliche Geschenke die Freundschaft erhalten und unbewusst zur Wiedergutmachung drängen.

Tipp !

Überraschen Sie Ihren Kunden einige Zeit nach dem Kauf mit einer kleinen, herzlichen Aufmerksamkeit.

13.3 Schalten Sie den Weiterempfehlungsturbo ein

Bei ihrem Kundenbesuch fragt unsere Spitzenverkäuferin aus Kapitel 13.2 natürlich auch, ob beim Versicherungsabschluss alles gut geklappt habe und sie ihren Kunden noch irgendwie unterstützen könne. Nein, der Kunde ist höchst zufrieden und freut sich riesig über sein Geschenk. Geschenke lösen aber im Gehirn einen sogenannten Wiedergutmachungsmechanismus aus. Wenn Ihnen beispielsweise ein Kollege oder eine Kollegin eine Kleinigkeit zum Geburtstag schenkt, dann werden sie sich, ob sie wollen oder nicht, verpflichtet fühlen, Ihrem Kollegen zu seinem Geburtstag ebenfalls etwas zu schenken. Und genau diesen Mechanismus nutzt unsere Spitzenverkäuferin beim Hinausgehen. Sie verabschiedet sich etwa mit folgenden Worten: »Mir hat es ganz viel Spaß gemacht, Sie zu beraten, und es freut mich sehr, dass Sie mit meiner Beratung so zufrieden sind. Ach ja, Sie haben sicher Bekannte oder Freunde, die darüber nachdenken, einen Bausparvertrag abzuschließen. Ich lasse Ihnen ein paar Visitenkarten von mir da. Es würde mich sehr freuen, wenn Sie mich denen weiterempfehlen würden.« Eine Verkäuferin, die einen solch starken Abgang inszeniert und gleichzeitig wie nebenbei, aber dennoch sehr gezielt dafür sorgt, dass sie weiterempfohlen wird, braucht sich um das Geschäft und den Erfolg keine Sorgen zu machen. Sie wird von solchen Kunden gerne immer weiterempfohlen.

Tipp !

Inszenieren Sie Ihren Abschluss mit einer konkreten Weiterempfehlungsbitte.

13.4 Halten Sie regelmäßig Kundenkontakt

Achten Sie auch in den folgenden Wochen und Monaten darauf, dass Sie nicht aus dem Blickfeld des Kunden verschwinden. Ein kleiner persönlicher Gruß zum Geburtstag, eine persönliche E-Mail mit Newsletter, ein kurzes Händeschütteln, wenn man gerade vorbei fährt usw. Alle diese Dinge sorgen dafür, dass Sie sich einen Logenplatz im Gehirn Ihres Kunden einrichten und ihn festigen. Und wenn der Kunde dann wieder Bedarf hat, gehören Sie zu den Ersten, die das erfahren.

! **Tipp**

Durch kleine Aufmerksamkeiten in der Nachkaufzeit bauen Sie Ihren Logenplatz im Kundengehirn weiter aus.

14 Verkaufen im digitalen Zeitalter

In meinen Neuroselling-Vorträgen und Trainings werde ich immer wieder gefragt, ob der persönliche Verkauf überhaupt noch Zukunft hat und binnen weniger Jahre nicht alle Geschäfte im Internet abgewickelt würden. Denn inzwischen erfolgt häufig auch die Beratung durch Chatbots usw. im Internet. Chatbots sind sprach- oder textbasierte Dialogsysteme, die z. B. auf Datenbanken zurückgreifen und den Kunden bei Anfragen mit Information versorgen.

Man muss kein Prophet sein, um vorherzusagen, dass sowohl im B2C- als auch im B2B-Bereich immer mehr Kontakte zu Unternehmen und Kunden ins Internet abwandern. Der Kunde kann sich, wann immer er will, informieren und natürlich auch kaufen. Die zunehmende Leistungsfähigkeit der künstlichen Intelligenz erlaubt es, dass sich viele Fragen des Kunden durch Chatbots und andere Dialogsysteme (Live-Chats, Hotlines etc.) beantworten lassen und dadurch zweifellos so manchen Berater oder Verkäufer ersetzen. Aber immer dann, wenn das Angebot unüberschaubar ist, die Fragestellung komplexer wird oder der Kauf bzw. Abschluss mit einem größeren Risiko verbunden ist, bleibt der menschliche Verkäufer und Berater unersetzlich. In einer Zeit der exponentiellen Zunahme der durchs Internet bereitgestellten Informationen nimmt die Consumer confusion zu. Und genau hier werden wir auch in Zukunft kompetente und empathische Verkäufer brauchen. Es werden auch weiterhin diejenigen Verkäufer erfolgreich sein, die in der Lage sind, den Kunden zuzuhören und ihren Bedarf zu erkennen. Denn sie vermögen aus der Unüberschaubarkeit des Angebots die richtige Lösung für den Kunden herauszufiltern und diese Lösung emotional und empathisch in die Lebenswelt des Kunden zu übersetzen. Und: Dies sind Verkäufer, die für den Kunden da sind, wenn er ein Problem hat und schnelle Hilfe braucht. Der Bedarf an solchen Verkäufern ist auch zukünftig riesig.

Es gibt noch einen weiteren Punkt: Einer der wichtigsten Faktoren für die Kundenbindung ist der menschliche Kontakt. Wenn ich zu einem Verkäufer eine über Jahre gewachsene, vertrauensvolle Beziehung habe, habe ich durch ihn auch eine innere Bindung an das von ihm verkörperte Unternehmen. Gute persönliche Verbindungen wechselt man aber in der Regel nicht einfach: Man fühlt sich verbunden und verpflichtet.

Völlig anders dagegen ist die Bindung im Digitalen. Die Bindung entsteht allein aus einem Nutzenkalkül. Welche Lösung ist besser? Zu dieser Lösung wechsle ich, wenn der Wechsel nicht sonderlich kompliziert ist. Jedes Unternehmen muss sich deshalb genau überlegen, wie sein individueller Mix an persönlichen und digitalen Kontakten zum Kunden aussieht. Der Verkäufer der Zukunft wird durch digitale Lösungen in vielen Bereichen entlastet – es ist deshalb aber wichtig, zu erkennen, wo er unersetzbar ist: im empathischen und emotionalen Kontakt zum Kunden und gleichzeitig in seiner Rolle als Problemlöser und Berater in den Fällen, wo Intuition und Kompetenz gleichermaßen gefragt sind.

Einige Worte zum Abschluss

Liebe Leserin und lieber Leser, unsere Reise durch den Verkaufsprozess und durch das Gehirn Ihres Kunden ist nun zu Ende. Ich hoffe, ich konnte Ihnen einige wichtige und spannende Anregungen für Ihre Verkaufsarbeit geben und Sie dabei auch etwas unterhalten.

Wenn es so war: Empfehlen Sie mein Buch und mich an Ihre Kolleginnen und Kollegen weiter.

Wenn es nicht so war: Schreiben Sie mir unter haeusel@haeusel.com, was Sie vielleicht vermisst haben oder was ich in der folgenden Auflage verbessern kann.

Herzlich
Ihr
Hans-Georg Häusel

Abbildungsverzeichnis

Literaturempfehlungen

Ariely, D. (2010): Denken hilft zwar, nützt aber nichts, Droemer Knaur.

Bänsch, A. (2013): Verkaufspsychologie und Verkaufstechnik, Oldenbourg.

Bauer, J. (2006): Warum ich fühle, was du fühlst, Heyne.

Bauer, T. Gigerenzer, G.; Krämer, W. (2014): Warum dick nicht doof macht und Genmais nicht tötet: Über Risiken und Nebenwirkungen der Unstatistik, Campus.

Bruno, T. Adamczyk, G. (2006): Körpersprache, Haufe.

Cialdini, R. (2013): Die Psychologie des Überzeugens, Huber.

Cialdini, R. (2017): Pre-Suasion: Wie Sie bereits vor der Verhandlung gewinnen, Campus.

Dobelli, R. (2011): Die Kunst des klaren Denkens, Hanser.

Eberspächer, H. (2012): Mentales Training, Copress.

Fischbacher, A. (2014): Voice Sells – Die Macht der Stimme im Business, Gabal.

Fuchs, W. (2013): Warum das Gehirn Geschichten liebt, Haufe.

Gálvez, C (2012): Storytelling, Gabal.

Gitomer, J. (2011): Little Red Book of Selling, Gitomer.

Hartmann, O.; Haupt, S. (2014): Touch – Der Haptik-Effekt, Haufe.

Häusel, H.-G. (2012): Brain View – Warum Kunden kaufen, Haufe.

Häusel, H.-G. (2012): Emotional Boosting – Die hohe Kunst der Kaufverführung, Haufe.

Häusel, H.-G. (2014): Think Limbic! Die Macht des Unbewussten nutzen, Haufe.

Häusel, H.-G., Henzler, H. (2018): Buyer Personas – Wie man seine Zielgruppen erkennt und begeistert, Haufe.

Limbeck, M. (2013): Nicht gekauft hat er schon, Redline.

Lindstrom, M. (2011): Brand Sense, Campus.

Müller, K.-M. (2012): NeuroPricing – Wie Kunden über Preise denken, Haufe.

Scherer, H. (2012): Fragetechnik, Gabal.

Schmitz, K.-W. (2014): Die Strategie der 5 Sinne, Wiley.

Schranner, M. (2014): Verhandeln im Grenzbereich, Econ.

Sessler, H. (2013): Limbic® Sales, Haufe.

Taxis, T. (2012): Heiß auf Kaltakquise in 45 Minuten, Taxis.

Wehling, E (2016): Politisches Framing, Herbert von Halem.

Der Autor

Dr. Hans-Georg Häusel (Diplom-Psychologe) zählt international zu den führenden Experten in der Marketing- und Verkaufs-Hirnforschung.

Sein Buch »Brain View – Warum Kunden kaufen« wurde von einer internationalen Jury zu einem der 100 besten Wirtschaftsbücher aller Zeiten gewählt.

Das von ihm entwickelte Limbic®-Modell gilt heute als das weltweit beste und wissenschaftlich fundierteste Instrument zur Erkennung bewusster und unbewusster Lebens- und Kaufmotive.

Er berät namhafte Unternehmen bei ihrer Marken- und Vertriebsstrategie und entwickelt für sie individuelle, branchenspezifische Verkaufstrainings.

Durch seinen faszinierenden Ansatz und seinen unterhaltsamen Vortragsstil ist Dr. Häusel auf vielen nationalen wie internationalen Veranstaltungen einer der gefragtesten Top-100-Speaker im deutschsprachigen Raum. Er wurde mit dem Excellence Award als einer der besten Redner ausgezeichnet. Mehr über Dr. Häusel und seine Vorträge und Trainings erfahren Sie unter www.haeusel.com.

Stichwortverzeichnis